Ingo Reiss

Das Verhältnis von Mathematik und Technik bei Nikolaus von Kues

Philosophie, Naturwissenschaft und Technik

Band 3

Ingo Reiss

Das Verhältnis von Mathematik und Technik bei Nikolaus von Kues

Frank & Timme
Verlag für wissenschaftliche Literatur

Umschlagabbildung: interminable! © déborah simtob – Fotolia.com

ISBN 978-3-7329-0264-4
ISSN 2365-4074

Herstellung durch Frank & Timme GmbH,
Wittelsbacherstraße 27a, 10707 Berlin.
Printed in Germany.
Gedruckt auf säurefreiem, alterungsbeständigem Papier.

www.frank-timme.de

Inhaltsverzeichnis

Vorwort

Zur Mathematik des Nikolaus von Kues (1401–1463) und zur Einordnung seiner Versuche zur Lösung des Quadraturproblems in seine Philosophie und Theologie gibt es ausgezeichnete und vielfältige Literatur[1]. Spätestens seit der Vorlage einer kommentierten Übersetzung der mathematischen Arbeiten durch Josepha Hofmann und Joseph Ehrenfried Hofmann in 1952[2] ist das Erbe des mathematischen Wirkens des Cusaners nicht nur auf gelegentliche tradierende Hinweise in Werken zur Mathematikgeschichte beschränkt, sondern als Gegenstand der modernen Cusanusforschung entdeckt worden. Seit der grundlegenden Arbeit von Fritz Nagel[3] ist die nach wie vor aktuelle und immer wieder heftig diskutierte Frage behandelt worden, inwieweit Nikolaus von Kues als Vordenker einer modernen Naturwissenschaft zu gelten habe[4].

Recht neu in der Cusanusforschung ist jedoch der Themenkomplex Technik, Technikphilosophie und Technikethik im cusanischen Denken, wobei diese Begrifflichkeit naturgemäß im cusanischen Werk nicht zu finden ist. An der Kueser Akademie für Europäische Geistesgeschichte beschäftigte sich ein interdisziplinärer Arbeitskreis „Philosophie und Technik“ unter Leitung von Jürgen H. Franz in den Jahren 2010 bis 2015 u. a. mit dem Aufspüren eines Technikbegriffes in den cusanischen Schriften. So wurde der Cusaner von diesem Arbeitskreis sozusagen posthum zum Technikphilosophen gekürt[5].

Die vorliegende Arbeit hat ihren Ursprung einerseits in der Arbeit dieses Arbeitskreises[6] und andererseits in der Auseinandersetzung mit der cusani-

1 Etwa M. Böhlandt [12], Verborgene Zahl; T. Müller [47], Perspektivität; G. Nickel [54], Nikolaus von Kues: Zur Möglichkeit mathematischer Theologie und theologischer Mathematik oder der von F. Pukelsheim und H. Schwaetzer [56] herausgegebene Band MFCG 29 zum Thema.

2 Nikolaus von Kues [5], Die mathematischen Schriften. Allerdings gibt es eine weiter zurückreichende Rezeption und Diskussion der mathematischen und naturwissenschaftlichen Verdienste des NvK, z.B. P. Schanz [62], Der Cardinal Nicolaus von Cusa als Mathematiker oder ders. [63], Die astronomischen Anschauungen des Nicolaus von Cusa.

3 F. Nagel [51], Nikolaus von Kues und die Entstehung der exakten Wissenschaften.

4 So etwa Reinhardt, K./Schwaetzer, H. [57], Nicolaus Cusanus – Vordenker moderner Naturwissenschaft.

5 J. Franz [24], Der Technikbegriff des Nikolaus von Kues.

6 Es wurden 25 Arbeitssitzungen in der Regel im zweimonatlichen Turnus während der Semesterzeit durchgeführt. Ich danke den ständigen Mitgliedern dieses Arbeitskreises, Jürgen H. Franz,

schen Mathematik[7], die durch Diskussionen und Seminare am Institut für Cusanus-Forschung in den Jahren 2005 bis 2009[8] und danach an der Kueser Akademie für Europäische Geistesgeschichte inspiriert wurde.

Mit viel Freude beschäftigte ich mich mit der Mathematik und mir wurden durch meine „Cusanus-Lehrer“ auch die ersten Zugänge zum cusanischen Denken eröffnet. Dafür danke ich den Herren Prof. Harald Schwaetzer, Dr. Matthias Vollet, Dr. Tom Müller, August Herbst und Frau PD Dr. Kirstin Zeyer.

Ganz besonders möchte ich meinem Freund und Lehrer in Sachen Technikphilosophie, Herrn Prof. Dr. Jürgen H. Franz, danken, dem ich nicht nur viele Anregungen und Denkfortschritte verdanke, sondern der mich als unermüdlicher Leiter unseres Arbeitskreises „Philosophie und Technik“ freundlich aber nachhaltig auch zu dieser Arbeit ermutigte.

Großen Dank schulde ich auch Désirée Straßenburg, die das Schreiben des Manuskriptes besorgte und dem Verlag Frank & Timme und dort insbesondere Herrn Oliver Renner für die Aufnahme der Arbeit in die Reihe *Philosophie, Naturwissenschaft und Technik* und die unterstützende Begleitung.

Christian Bacher, Ellen Becker, Anna Reuter, August Herbst, Harald Schwaetzer, Matthias Vollet für viele Diskussionen und Anregungen.

7 I. Reiss [60], Nikolaus von Kues als Vorgänger Leibniz auch auf dem Gebiet der Mathematik?

8 T. Müller/G. Nickel [50], Reader zum Workshop.

1 Fragestellung

In dieser Arbeit wird das Verhältnis von Mathematik und Technik im Denken des Nikolaus von Kues beleuchtet. Dabei wird nicht nur auf die Rolle der Mathematik einerseits und der Technik andererseits als Domäne im cusanischen Denken eingegangen, sondern auch deren Bedeutung als Denkwerkzeug zur Gottesschau wird kritisch hinterfragt.

Denn die mathematischen Symbole als Verstandeszeichen eignen sich für Cusanus[9] besonders, um das insbesondere durch das „tertium non datur" uns begrenzende rationale Denken zu überwinden und das Unfassbare wenigsten näherungsweise zu fassen und somit eine Sprosse auf der Leiter der Gotteserkenntnis emporzusteigen. Auch die Technik kann nicht nur in Bezug auf den menschlichen Schöpfungsakt von Artefakten untersucht und kritisch gewürdigt werden. Darüber hinaus kann die Technik auch als Instrument der Welt- und Gotteserkenntnis dienen, z. B. durch Analogieschlüsse und eine ganzheitliche Einordnung in die Schöpfung.

Dabei werden die Aspekte der Technikphilosophie hier nicht vertieft, sondern es wird auf die Ergebnisse des Arbeitskreises „Philosophie und Technik" an der Kueser Akademie für Europäische Geistesgeschichte zurückgegriffen. Herausgearbeitet wurden die Aspekte des cusanischen Denkens in Bezug auf die Technikphilosophie besonders von Jürgen H. Franz[10].

Schließlich soll der Frage nachgegangen werden, ob bei NvK im Wechselverhältnis von Mathematik und Technik bereits ein Denkansatz im Sinne moderner mathematisch orientierter Naturwissenschaften angelegt ist. Für diesen Ansatz gibt es in der Cusanusforschung fundierte Positionen, die insbe-

9 Aus den Werken des Nikolaus von Kues wird, falls nichts anderes angegeben, aus der Dupré-Übersetzung (Nikolaus von Kues [4], Die philosophisch-theologischen Schriften), die im Cusanus-Portal verfügbar ist, in der Form Werk, nn, also z. B. De ludo globi, 2 zitiert. Dabei wird eine verkürzte Werksbeschreibung verwendet, wenn Verwechslungen nicht möglich sind, also z. B. De ludo globi statt Dialogus de ludo globi. Auslassungen in den zitierten Textstellen werden mit [...] gekennzeichnet. Wird der lateinische Text aufgeführt, so wird dieser, falls nicht anders angegeben, der korrespondierenden Textstelle aus dem Cusanus-Portal entnommen und nicht weiter referenziert. Die Bezeichnungen Nikolaus von Kues, NvK, Cusanus, Cusaner oder Nikolaus werden in dieser Arbeit synonym verwendet.

10 J. Franz [24], Der Technikbegriff des Nikolaus von Kues.

sondere in der Waageschrift des Cusaners[11] verankert werden. Der Schreibende vertritt dagegen die These, dass die Waageschrift keinerlei Hinweis auf eine mathematisch begründete empirische Naturwissenschaft gibt und wird durch Argumente des Cusanus-Forschers Marco Böhlandt gestützt, wenn dieser in der Behandlung der drei Bücher über den Laien schreibt:

> „*Mathematik erzeugt für Nikolaus lediglich, wie es Joachim Gauß treffend formuliert hat, eine mimetisch verfasste Wirklichkeit und wird damit der Natur genauso stets nur annähernd gerecht wie auf der anderen Seite die Gotteserkenntnis eine immer nur angenäherte sein kann.*
>
> *Mit viel Bedacht lässt Nikolaus seine Laien auch die Frage nach Wert und Funktion des Mathematischen behandeln. Interessanterweise aber wird dieser Diskurs im dritten Teil des Laien-Corpus Idiota de staticis experimentis, der Schrift über die Experimente mit der Waage, nicht fortgeführt*“[12].

Böhlandt weist im Weiteren auf den rein empirischen Charakter der Waageexperimente hin.

Um aber einige Aspekte und Parallelitäten im Mathematik- und Technikverständnis[13] jedoch nicht nur zu behaupten, sondern auch punktuell zu belegen, so wird dies anhand der Schrift „De Ludo globi“ vertiefend getan. Somit steht diese Schrift über das Globusspiel hier etwas willkürlich im Fokus.

Ausnehmen von den Naturwissenschaften wollen wir hier die Astronomie[14] – sicher formal nicht korrekt, denn wir können die Astronomie ja schlecht den Geisteswissenschaften zuschlagen. Aber immer „nichtastronomische Naturwissenschaft“ statt Naturwissenschaft zu schreiben, wäre doch zu umständlich.

11 Z. B. H. Schwaetzer [65], Änigmatische Naturwissenschaft, 11–16; T. Müller [47], Perspektivität, 153–168, oder F. Nagel [53], Scientia experimentalis, 97f, 116–118.

12 M. Böhlandt [12], Verborgene Zahl, 231f.

13 Eigentlich können wir bei NvK nicht von einem Technikverständnis in unserem heutigen verengten Sinne sprechen. Gemeint ist mit Technik vielmehr eine weitere Begriffsbestimmung als menschliches, planvolles, schöpferisches und zweckgebundenes bzw. nutzenorientiertes Handeln, wenn dieser Terminus im cusanischen Kontext verwendet wird.

14 Tom Müller hat in seiner Dissertation nachgewiesen, dass Cusanus' Kalenderschrift nicht nur eine hohe Verschränkung von Astronomie, Chronologie, Philosophie, prakt. Kirchenpolitik und Theologie enthält, sondern die mathematische Formulierung seiner Beobachtungen und Vorschläge auch höchsten Ansprüchen genügt. Für die Kalenderrechnung muss die Eingangsfragestellung dieser Arbeit u. U. anders beantworten werden: Ja, es gibt eine mathematisch fundierte Wissenschaft und daraus resultierende „applied sciences“ schon bei NvK (T. Müller [48], „ut reiecto paschali“, 246–251).

2 Die Mathematik im Denken des Nikolaus von Kues

Bevor wir uns punktuell und sehr ausschnittsweise der cusanischen Mathematik zuwenden und uns eine eigene erste „coniectura“ erarbeiten, sei der Verweis gestattet, dass es vielfältige umfangreiche und ausgezeichnete Arbeiten in der Cusanusforschung zum Thema[15] gibt. Besonders hervorzuheben sind etwa die Arbeiten von M. Böhlandt[16], T. Müller[17], F. Nagel[18], der von H. Schwaetzer und F. Pukelsheim herausgegebene Sammelband MFCG 29 zum Mathematikverständnis des NvK, aber auch der von H. Schwaetzer und K. Reinhardt 2003 herausgegebene Band in der Reihe Philosophie interdisziplinär[19].

2.1 Die mathematischen Vorkenntnisse bei Nikolaus von Kues

Da in den Schriften des Nikolaus von Kues kaum Querverweise oder Zitate über die verwendeten Quellen aufgeführt sind, wollen wir einen Augenblick bei der Frage verweilen und vermuten, woher Nikolaus sein mathematisches Wissen bezogen hat.

Was wir wissen ist, dass er kein Fachmathematiker war, der mit Hilfe eines ausgebildeten mathematischen Instrumentariums formale Strukturen und

15 FESI = Falls Es Sie Interessiert.
Als FESI bezeichnete Fußnoten können vom Leser übergangen werden, ohne Verständnisprobleme befürchten zu müssen. Auch sollte er beim Überspringen der so gekennzeichneten Anmerkungen von keinerlei Verlustängsten geplagt werden, dass ihm etwas Wesentliches entgehen könnte. Handelt es sich doch i. d. R. um Assoziationen, die dem Schreibenden gerade in den Sinn gekommen sind. Die Vielfalt und Qualität der Literatur verbietet es dem Autor eigentlich, höchst unvollkommene eigene Überlegungen zu Papier zu bringen, anstatt auf die so guten Ausführungen aus berufenen Kreisen zurückzugreifen. Es geschieht dennoch in der Absicht, einen Aufsetzpunkt für die Fragestellung zu erarbeiten.

16 M. Böhlandt [12], Verborgene Zahl, und ders. [11], Wege ins Unendliche.

17 T. Müller [47], Perspektivität.

18 F. Nagel [51], Nicolaus Cusanus und die Entstehung der exakten Wissenschaften.

19 H. Schwaetzer/K. Reinhardt (Hg.) [65], Nikolaus von Kues: Vordenker moderner Naturwissenschaft.

mathematische Fragestellungen untersucht hat. Wenn wir Mathematik als Wissenschaft der formalen Strukturen verstehen, so ist in den Biografien[20] keine formale Ausbildung belegt.

Über seine schulische Ausbildung und seine Lehrer in jungen Jahren wissen wir kaum etwas[21]. Mit seiner Immatrikulation in Heidelberg im Jahre 1416 dürfte der Cusaner als Student der artes liberales mit einigen, wenn auch wenigen Grundlagenwerken seiner Zeit in Berührung gekommen sein[22], sicher mit den ersten Teilen der Elementa des Euklid. Selbst wenn der Cusaner nach seinem Abschluss zum Baccalauren in Heidelberg noch seinen Magister gemacht hat, was wir nicht wissen, dürfte die weitere mathematische Ausbildung im quadrivium ihm kaum mehr als einen groben Überblick zu grundlegenden mathematischen Fragestellungen geliefert haben.

Wie Joseph Ehrenfried Hofmann ausgeführt hat, hat der Cusaner aber in Heidelberg die anspruchsvollere mathematische Schrift „Geometria Speculativa" eines gewissen Thomas Bradwardine (1290? –1349) kennen gelernt und wurde in seinem mathematischen Wirken, insbesondere in seiner Fokussierung auf das Quadraturproblem, wesentlich davon geprägt[23]. Böhlandt stellt diese Sicht Hofmanns in Frage[24], indem er darauf hinweist, dass der Nikolaus von Kues seine Kenntnisse auch durch andere populäre Lehrbücher der mittelalterlichen Geometrie erworben haben könnte[25].

20 Z. B. E. Meuthen [44], Nikolaus von Kues, Skizze einer Biographie, 13f; H. Gestrich [27], Leben und Werk im Bild, 24–31; J. E. Hofmann [33], Mutmaßungen über das früheste mathematische Wissen, 98. Einen ausführlichen Überblick über das Leben des jungen Cusanus legte Tom Müller vor (T. Müller [45], Der junge Cusanus), allerdings erst nach Erstellung des Manuskriptes dieser Arbeit, so dass sein Buch hier nicht berücksichtigt werden konnte.

21 Die Legende des NvK vom armen Fischersohn ist längst widerlegt (H. Gestrich [26], Zugänge zu Nikolaus von Kues, 33). Es ist also davon auszugehen, dass er als Kind gute Lehrer gehabt haben muss.

22 J. E. Hofmann [33], Mutmaßungen über das früheste mathematische Wissen, 132.

23 J. E. Hofmann [33], Mutmaßungen über das früheste mathematische Wissen, 132. Ders. in Nikolaus von Kues [5], Die mathematischen Schriften X–XII.

24 M. Böhlandt [11], Wege ins Unendliche, 11, vermutet, dass zumindest bei den ersten Quadraturschriften keineswegs sicher ist, ob Nikolaus von Kues diese Schrift bereits kannte.

25 M. Böhlandt [12], Verborgene Zahl, 31, *„wichtiger ist aber noch, daß es keinen zwingenden Grund gibt, anzunehmen, daß Nikolaus seine Kenntnisse des ganzen Problemkreises* [d.h. der Geometrie; Anm. d. V.] *überhaupt von Bradwardine hatte"*. Und weiter argumentiert er, dass der Schluß Hofmanns der Rezeption des Bradwardinischen Werkes durch Nikolaus von Kues keineswegs gesichert ist, da einerseits *„man sich fragen darf, ob es für derartig elementare Einsichten überhaupt eine besondere Vorlage bedurft hätte"* und andererseits *„lässt Nikolaus von Kues* [die direkte Schlussweise des Bradwardine; Anm. d. V.] *für den endlichen Kreis nicht zu."*, (ebda, 205).

Nikolaus studierte von 1417–1423 in Padua, zu jener Zeit eine der führenden europäischen Universitäten für mathematische, naturwissenschaftliche, aber auch juristische Studien, an der führende Kapazitäten jener Zeit lehrten, u. a. ein gewisser Prosdocimo de Beldomani, Mathematiker und Astrologe. Wahrscheinlich in dessen Vorlesungen, in jedem Falle in dieser Zeit in Padua lernte Nikolaus den angehenden Arzt, Astronomen und Mathematiker Paolo Toscanelli (1397–1482) aus Florenz kennen, der dem Cusaner zum Freund, persönlichen Vertrauten und lebenslangen Ansprechpartner wurde, dem der Cusaner seine mathematischen Arbeiten oft als ersten zur Begutachtung schickte und dessen fachmännische Einschätzung und Rückmeldung über seine Gedankenführung dem Cusaner sehr wichtig waren.

Während für seinen Freund Toscanelli die fachmathematische Ausbildung verpflichtend war, wissen wir über mathematikspezifische Studien des Cusaners auch aus dieser Zeit wenig. Ob er, der an medizinischen und naturphilosophischen Fragestellungen zumindest ein großes Interesse hatte, wie wir aus späteren Schriften wissen, wirklich die Zeit neben seinem juristischen Pensum für eine tiefergehende Auseinandersetzung mit der Mathematik gefunden hat, ist zumindest zweifelhaft.

Dennoch dürfte er – wie auch quellenkundliche Indizien beweisen – viele Impulse aus dieser Zeit in Padua mitgenommen haben, mit der offenen, liberalen Atmosphäre, durch die Nähe zu Venedig als Tor zum Orient, über welches die griechische, arabische und byzantinische Kultur und damit auch das ungeheure mathematische Wissen in das Mittelalter des Abendlandes hereinströmte[26].

Von 1425 an studiert Nikolaus in Köln kanonisches Recht und wird in den Jahren 1428–1435 stark geprägt durch Heymericus de Campo (1395–1460). In der Auseinandersetzung mit dem Neuplatonismus entwickelt sich bei Cusanus der Zugang zur mathematischen Symbolik, ohne dass jedoch an mathematischem Gehalt irgendetwas aus dieser Zeit heraussticht.

Es war wohl eher so, dass Nikolaus den Zugang und tiefergehende Anstöße zur Beschäftigung mit der mathematischen Problemstellung der Kreisquadratur in seiner späteren Tätigkeit, insbesondere auf seinen Legationsreisen im päpstlichen Auftrage gewann, so z. B. durch seine Reise 1438 nach Konstantinopel. Er sagt selbst, dass sein grundlegender Fundamentalsatz der coincidentia oppositorum ihm auf der Rückfahrt eingegeben wurde (ca. 1440).

26 Müller bespricht den Sachverhalt ausführlich (T. Müller [49], Der florentinische Stammtisch, 98–105, 111–117).

Nachweisbar ist der Einfluss mathematischer Bilder aus dem Altertum auf seine Philosophie, die er in den Hauptschriften „De docta ignorantia - von der belehrten Unwissenheit" - und „De coniecturis - über die Mutmaßungen" entwickelt hat[27], ich werde weiter unten darauf zurückkommen.

Dass der Cusaner nach seiner Studienzeit sich immer wieder für mathematische Gegenstände interessiert, zeigt auch ein Detail. Er hat sich ein Traktat von Raimundus Lullus (um 1232–1316) von der Quadratur und Triangulatur des Kreises eigenhändig abgeschrieben, und zwar nur den mathematischen Teil, nicht aber die theologisch-symbolische Fortsetzung[28].

Über seinen Freund Toscanelli lernte er später den deutschen Astronomen und Mathematiker Georg Peuerbach (1423–1461) kennen[29], der in Wien lehrte und zu seiner Zeit eine Kapazität war. Über ihn wird noch zu sprechen sein.

Eine weitere Persönlichkeit, mit der Nikolaus von Kues bekannt war und mit der er auch in mathematischen Fragen korrespondierte, war der florentinische Renaissancearchitekt Leon Battista Alberti (1404–1472), der um die Mitte des 15. Jahrhunderts am Hof des Papstes Nikolaus V. (1397–1455, bürgerlich Tommaso Parentucelli, Pontifikat 1447–1455) weilte, wo auch Nikolaus tätig war. Das humanistische Geistesklima am Hof - Nikolaus war mit Papst Nikolaus V. aus seiner Zeit in Padua bekannt und befreundet - förderte die Wissenschaften, eine neue Rezeptionstradition der Erkenntnisse der griechischen und arabischen Kultur und den interdisziplinären Austausch.

Müller zeichnet nach, dass NvK als Mitglied des „Florentiner Stammtisches" in einem Netzwerk von Wissenschaftlern anzusehen ist, in welchem diese *„gleichberechtigt (zusammen)arbeiten und sich austauschen"*[30] und begründet eine zentrale Stellung des NvK ebenso wie für Leon Battista, Paolo Toscanelli[31] *„durch die umfassende Breite an Anwendungsgebieten, welche die Mathematik durch das Wirken dieser zwei Gelehrten erfahren hat"*[32].

Einen in den Kontext des Florentiner Stammtisches passenden Hinweis gab schon der Mathematikhistoriker Moritz Cantor[33]: Bischof Bessarion, pflegte freundschaftliche Beziehungen zu Regiomontanus, dem führenden Mathema-

27 N. Stuloff [71], Mathematische Tradition in Byzanz, 427–432.

28 Nikolaus von Kues [5], Die mathematischen Schriften, XIIf.

29 Vgl. auch M. Cantor [16], Vorlesungen über Geschichte der Mathematik, 187.

30 T. Müller [47], Perspektivität, 15–33.

31 Ebda, 32.

32 Ebda, 33.

33 M. Cantor [17], Cardinal Nicolaus von Cusa, 194.

tiker seiner Zeit in Wien, einem Schüler Peuerbachs. Mit Bessarion wiederum war Cusanus aus seiner Konstantinopelreise gut bekannt und pflegte lebenslang gute Kontakte zu ihm.

In der Cusanusforschung wurde ausführlich auf handwerkliche Defizite des NvK in seinen mathematischen Arbeiten hingewiesen[34]. Dennoch haben seine mathematischen Schriften, auf die wir gleich zu sprechen kommen, einen ernsthaften mathematischen Gehalt, selbst für diejenigen, die sich nicht den recht euphorischen Wertungen eines Nagel anschließen können, wenn er sagt: *„Es war der zukunftsreiche Weg infinitesimaler Betrachtungsweisen, der von ihm* [dem Cusanus; Anm. d. V.] *zum ersten Mal beschritten wurde und auf dem in der Folgezeit die bedeutendsten Fortschritte der Mathematik erreicht werden sollten"*[35]. Auch der Einwand, dass sich NvK in seinen mathematischen Schriften ausschließlich mit dem Quadraturproblem beschäftigt hat, mithin ihm die Breite der mathematischen Disziplinen und des mathematischen Handwerkszeugs fehlte und man ihn daher schlechterdings als Mathematiker bezeichnen dürfe, taugt m. E. wenig. Es gibt in der Mathematikgeschichte genügend Beispiele[36] für großartige Leistungen durch Konzentration auf eine zentrale mathematische Fragestellung[37]. Zudem geht es bei der Kreisquadratur nicht um irgendeine mathematische Fragestellung, sondern um eine zentrale Frage aus der Historie der Mathematik, an der sich Generationen von Mathematikern über ca. drei Jahrtausenden abarbeiteten und die Mathematik voranbrachten[38].

34 Z. B. M. Böhlandt [12], Verborgene Zahl, 204: *„Nikolaus Geometrische Verwandlungen zeigen bei genauerer Analyse das Bild eines noch recht unerfahrenen Neulings* [Der Cusaner war zum Zeitpunkt der Abfassung dieses Traktats bereits im stolzen Alter von 44 Jahren, Anm. d. V.] *in mathematischen Fachfragen. … Auch der gute Näherungswert … kann über die lückenhaften mathematischen Kenntnisse nicht hinwegtäuschen"*.

35 F. Nagel [51], Nicolaus Cusanus und die Entstehung der exakten Wissenschaften, 63.

36 FESI: Ich erwähne z. B. nur die große Fermat-Vermutung, das Vierfarbenproblem, das Königsberger Brückenproblem, das zum Aufbau der Graphentheorie führte, das Primzahlenzwillingsproblem in der Aufklärung, das Travelling Salesman Problem, das die Disziplin Operations Research so stark bestimmte, oder die Kontinuumshypothese im 20. Jahrhundert.

37 FESI: Z. B. S. Singh [68], Fermats letzter Satz. Darin wird die Geschichte des Mathematikers Andrew Wiles nachgezeichnet, der sein „Mathematikerleben" mit der Fermatschen Vermutung verbrachte. Höhen und Tiefen, Zweifel und Beweislücken, mühsame und zähe Versuche und neue Anläufe dieses Mathematikers an der Jahrtausendwende zum 21. Jahrhundert erwiesen viele Parallelitäten zum mathematischen Schaffen des NvK.

38 FESI: Das Quadraturproblem in der griechischen Antike stellt die Frage nach der Konstruktionsmöglichkeit – nur mit den Mitteln des Zirkels und Lineal – eines inhaltsgleichen Quadrats zu einem gegebenen Kreis und gehörte zu den drei klassischen Problemen der antiken Mathematik neben den Problemen der Winkeldrittelung und der Würfelverdopplung. Vgl. z. B. T. Müller [47],

Schließlich weist z. B. Müller[39] mit Recht darauf hin, dass die Schrift „De reparatione kalendarii“ nicht nur, aber auch in den mathematischen Kontext einzuordnen ist[40], womit der Vorwurf der fehlenden mathematischen Breite doch deutlich entkräftet ist. In die gleiche Richtung argumentiert bereits Cantor, wenn er sagt, dass bereits in der Schrift „Concordantia Catholica“ - verfasst 1433, als wohl erstes größeres Werk des NvK - durch die Art des kombinatorischen Systems *„(sich) eine mathematische Neigung dessen, der es ersonnen hatte (offenbare)“*[41].

Wir stellen fest: Nikolaus von Kues war kein Fachmathematiker, er genoss keine methodische Ausbildung und war in mathematischen Fachkreisen nicht als Mathematiker verankert. Dennoch hat er substanzielle Beiträge zum Quadraturproblem geliefert, die auch von Berufsmathematikern ernst genommen wurden. Und auf die Frage „War Nikolaus von Kues ein bedeutender Mathematiker?“ möchten wir uns der von Böhlandt gegebenen Antwort anschließen:

> *„Nikolaus von Kues war vor allem dies: ein leidenschaftlicher Mathematiker, dessen mathematikhistorische Bedeutung vorrangig in seiner so oft formulierten Grundüberzeugung liegt, daß die Mathematik das hervorragendste Instrument jeglichen menschlichen Erkenntnisstrebens ist - und das ist, ganz gewiss, nicht wenig“*[42].

Perspektivität, 50–55; oder auch E. Beutel [8], Die Quadratur des Kreises, 6f; oder auch H. Gericke [25], Mathematik in der Antike, Orient und Abendland, Bd. 1, 94–96.

39 T. Müller [48], Ut reiecto paschali, 282, *„Die Kalenderschrift vereinigt wie gesehen mehrere Aspekte. Der Traktat steht vom späteren Cusanus aus rückwirkend betrachtet, in einer Linie mit dem philosophisch-theologischen Werk, und fügt sich, wenngleich noch nicht begrifflich, so doch inhaltlich, fast nahtlos in die erkenntnistheoretische Konzeption um den coniectura-Begriff ein. Zudem gibt es über seinen Kalendervorschlag hinaus bis zu seinem Lebensende kein umfassenderes und vermeintlich besseres mathematisches Modell.“*

40 Die Computistik mit dem zentralen Problem der korrekten Berechnung des Osterfestes war eine wichtige mathematische Triebfeder im Mittelalter. Vgl. z. B. H. Gericke [25], Mathematik in Antike, Orient und Abendland, Bd. 2, 60–62.

41 M. Cantor [17], Cardinal Nicolaus von Cusa, 192.

42 M. Böhlandt [12], Verborgene Zahl, 311.

2.2 Die mathematischen Schriften des Cusaners

2.2.1 Überblick über die mathematischen Schriften

Die scholastische Mathematik hatte einen ausgezeichneten Wissensstand in Geometrie und Arithmetik[43], wobei diese beiden Gebiete noch getrennte Wissensdisziplinen waren. Die Arithmetik verstand sich als Lehre von den natürlichen Zahlen als Vervielfachung der Einheit. Die Geometrie wurde als konstruktive Wissenschaft gesehen und beschäftigte sich nicht mit Zahlen[44].

Mit einigen Problemen der Geometrie kamen die Mathematiker jener Zeit aber nicht zurecht. Bekannt sind die drei klassischen Probleme der Antike. Dazu gehörte die Frage, ob zu einem Kreis das zugehörige flächengleiche Quadrat konstruiert werden kann.

Die Schwierigkeit bestand in der Nebenbedingung, dass nur Zirkel und Lineal verwendet werden durften. Kreise, Geraden, auch Quadrate und symmetrische Konstruktionen waren Ausdruck der größten Vollkommenheit und Harmonie. Mathematik war unter dem platonischen Einfluss ein vornehmer und ästhetisch vollkommener Denksport. Die Verwendung von weiteren Hilfsmitteln wie ein Lineal mit Maßeinteilung, Schablonen usw. war schon fast als zu handwerklich verpönt.

Womit die antike und scholastische Mathematik aber genauso wenig zurechtkam, war die Behandlung des Infinitesimalen. Das von Zenon formulierte Paradoxon von Achill und der Schildkröte war mathematisch scheinbar nicht auflösbar. Aristoteles hatte darauf hingewiesen, dass mit dem kleiner werdenden Vorsprung der Schildkröte auch die Zeitspannen unendlich klein werden und man daher nicht mit diesen Zeitanteilen beliebig rechnen könne. Einen operationalisierten Formalismus für die Problemstellung konnte aber auch er nicht geben.

Nikolaus von Kues beschäftigte sich in seinem mathematischen Werk ausschließlich mit dem Quadraturproblem. Zumindest in seinem mathematischen Erstwerk – das allerdings bei ihm in relativ späten Lebensjahren von ca. Mitte 40 einsetzte – ging er wie die meisten Fachmathematiker und Wissenschaftler seiner Zeit wohl noch davon aus, dass die Quadratur möglich war.

Die eigentlichen mathematischen Schriften umfassen die folgenden 11 Texte, die in der einzigen deutschsprachigen und auch nach wie vor in der Sekundärliteratur wichtigsten Quelle durch Josepha und Joseph Ehrenfried Hof-

43 Z. B. H. Gericke [25], Mathematik in der Antike, 120–129.

44 Zum Verhältnis von Geometrie und Arithmetik bei NvK: T. Müller [47], Perspektivität, 35–44.

mann[45] zusammengetragen wurden. In 2010 ist dann mittlerweile auch endlich der Band XX, Scripta Mathematica in der Heidelberger Ausgabe der Opera Omnia erschienen[46].

Frühwerk:

1. *De geometricis transmutationibus*
   Von den Geometrischen Verwandlungen (TG)
2. *De arithmeticis complementis*
   Von den Arithmetischen Ergänzungen (CA)
3. *De circuli quadratura*
   Von der Quadratur des Kreises (QM)

Spätwerk:

4. *Quadratura circuli*
   Die Kreisquadratur (CQ)
5. *De mathematicis complementis*
   Von den Mathematischen Ergänzungen (CM)
6. *Magister Paulus ad Nicolaum Cusanum Cardinalem*
   Magister Paulus an den Kardinal Nikolaus von Cues[47] (PN)
7. *Declaratio rectilineationis curvae*
   Erklärung der Kurvenausstreckung (DR)
8. *De una recti curvique mensura*
   Über das eine Maß des Geraden und Gekrümmten (UM)
9. *Dialogus de circuli quadratura*
   Der Dialog über die Quadratur des Kreises (DQ)
10. *De caesarea circuli quadratura*
    Die Kaiserliche Quadratur des Kreises (CC)
11. *De mathematica perfectione*
    Über die Mathematische Vollendung (PM)
12. *Aurea propositio in mathematicis*
    Der Goldene Satz in der Mathematik (AP)

45 Nikolaus von Kues [5], Die mathematischen Schriften.

46 FESI: Nicolai de Cusa [1], Opera Omnia, Band XX, Scripta Mathematica. Das „endlich" referenziert auf eine jahrelange Hoffnung vieler Interessierten auf eine weit frühzeitigere Publikation.

47 Hier handelt es sich nicht um einen Traktat des Cusaners, sondern um eine Replik seines Freundes Paolo Toscanelli hinsichtlich der Begutachtung der mathematicis complementis. Irrtümlicherweise wurde daher in der Literatur oft von 12 statt 11 mathematischen Schriften ausgegangen.

Zu den mathematischen Schriften im weiteren Sinne hinzu kommt die wohl in 1436 fertiggestellte Schrift:

13. *De correctione Kalendarii*
    Über die Kalenderverbesserung

Verwirrend ist dabei, dass in der Überlieferung der Handschriften verschiedene Versionen und Abschriften kursierten, die unterschiedlich entweder als eigene Traktate oder als Versionen gezählt werden können. Müller spricht z. B. davon, dass „*Nikolaus von Kues (uns) elf, beziehungsweise zwölf so genannte fachmathematische Schriften hinterlassen hat*" und löst das Wörtchen „bzw." dahingehend auf, dass in einer „*kuriosen Begebenheit, die einige Elemente eines guten historischen Kriminalromans*"[48] aufweisen nach einer interessanten Vorgeschichte es erst dem renommierten Cusanus-Forscher Reinhardt endgültig gelang, eine vollständige Abschrift einer Vorform der „De mathematica perfectione" in der Kapitelsbibliothek in Toledo ausfindig zu machen[49]. Und um eine zumindest für einen Mathematiker gleichermaßen spannende Geschichte fortzuführen: Auch Menso Folkerts fand eine weitere mathematische Schrift in Toledo, die als Früh- bzw. Spätform der „De arithmeticis complementis" zu identifizieren ist und wiederum neue Erkenntnisse für die mathematisch ausgerichtete Cusanusforschung bringt[50].

Von Frühwerk und Spätwerk zu sprechen, ist eigentlich fahrlässig von mir. Tatsächlich sind alle mathematischen Schriften des Cusanus im engeren Sinne von ihm im reifen Alter ab Mitte 40 innerhalb von gut 15 Jahren verfasst worden.

Mit der Unterscheidung möchte ich etwas anderes ausdrücken: In den ersten drei Werken steht Nikolaus noch auf dem Boden des klassischen Problemlösungsansatzes und versucht das Quadraturproblem mit euklidischen Mitteln zu lösen. Die mathematischen Ansätze sind – trotz gegenteiliger Behauptungen des Nikolaus – im Wesentlichen elementargeometrischen Inhalts. Insbesondere nimmt er die Gültigkeit des Zwischenwertsatzes im Rationalen[51] an und wählt diesen als Ausgangspunkt für seine „Quadraturlösungen".

48 T. Müller [47], Perspektivität, 65f.

49 Vgl. K. Reinhardt [59], Eine bisher unbekannte Handschrift.

50 M. Böhlandt [12], Verborgene Zahl, 215–217.

51 Mathematisch exakter: Im Körper der rationalen Zahlen bzw. im Körper der algebraischen Zahlen – wobei diese Begrifflichkeiten zur Zeit des NvK natürlich nicht vorhanden waren.

Anders in den Traktaten ab 4. Quadratura circuli. Hier ist sich der Cusaner m. E. im Klaren darüber, dass eine exakte Lösung im Sinne der euklidischen Aufgabenstellung innerhalb der Mathematik nicht möglich ist. Lösungsansätze geben vielmehr auf der Ebene der praktischen Annäherung ausreichende Ergebnisse, ohne aber die „Wahrheit“, d.h. die exakte Kreiszahl erreichen zu können. Hier entwickelt der Cusaner seine intellektuale Mathematik, wie wir später andeuten wollen.

Zumindest Böhlandt tendiert – wenn auch nicht in dieser deutlichen Pointierung – ebenfalls zu solcher Unterscheidung, wenn er sagt[52]:

> *„Das hält ihn* [Cusanus; Anm. d. V.] *nun aber keineswegs davon ab, in De circuli quadratura, genau wie in den ersten beiden Prämissen der Transmutationes, wie selbstverständlich Zwischenwertbetrachtungen anzustellen. Nikolaus stellt sich mit seiner Ablehnung des Zwischenwertprinzips also nur scheinbar auf die Seite der strengen Skeptiker.“*

Die hier aufgezählten und mit Spätwerk titulierten Traktate 4 bis 9 benennt Böhlandt als die „dunklen Bücher“[53] der 1450er Jahre.

Wir wollen auf einige mathematische Werke nachfolgend näher eingehen.

2.2.2 Das mathematische Frühwerk

2.2.2.1 Die erste mathematische Abhandlung des Cusaners: De geometricis transmutationibus – Nikolaus berechnet π

Die erste mathematische Schrift des Nikolaus von Kues heißt „De geometicis transmutationibus – Von den mathematischen Verwandlungen“, stammt aus dem September 1445 und ist seinem Freund Paolo Toscanelli gewidmet.

Auch wenn Nikolaus verbal zentrale Grundfragen des Quadraturproblems aufwirft – so behauptet er z. B., dass eine Verwandlung von Krummem in Gerades und umgekehrt in einem rationalen Verhältnis nicht möglich ist und dass das Geheimnis hier in einer Koinzidenz der Extreme verborgen sein muss[54] – so sind seine mathematischen Ausführungen doch eher elementarge-

52 M. Böhlandt [12], Verborgene Zahl, 225.

53 Ebda, 236, 253. Diesen Begriff hat M. Böhlandt wohl vor doppelten Hintergrund gewählt. Zum einem ist die Darstellung der Mathematik teilweise schwer verständlich, insbesondere im Traktat von den mathematischen Ergänzungen. Die Beweise „bleiben im Dunkeln“. Weiterhin steht die Abfassung in einem zeitlichen Kontext einer schwierigen persönlichen Zeit des NvK im Streit in Brixen, ist also vor dem Hintergrund der „dunklen“ biographischen Umstände zu lesen.

54 J. Hofmann [5], Nikolaus von Kues, Die mathematischen Schriften, TG, 5.

ometrischer Art. Dennoch sind einige originelle, wenn auch nicht Cusanus-originäre Denkansätze durchaus hilfreich, sich dem Quadraturproblem neu, sozusagen als Querdenker zu nähern.

Die erste Prämisse – eigentlich eher der erste mathematische Sachverhalt, den Nikolaus in den Transmutationibus diskutiert – möchte ich vertiefen. Die folgende Skizze des Cusaners verdeutlicht seine Überlegungen.

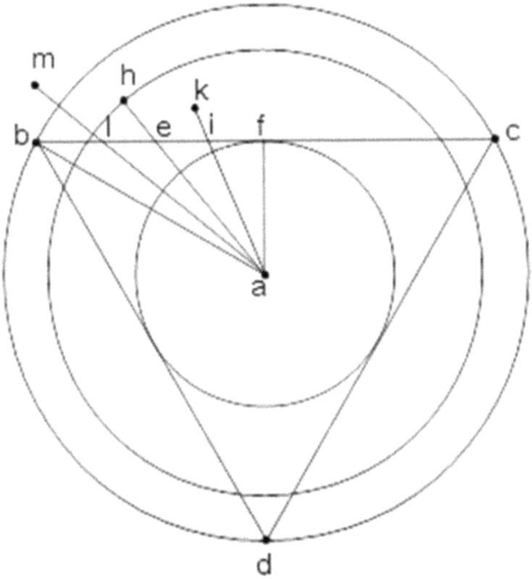

r	=	af	Innenkreis
R	=	ab	Umkreis
ik	=	1/8 ai	
eh	=	1/4 ae	
lm	=	3/8 al	

Beispiel:
Wenn fi = 1/8 bc,
dann ik = 1/8 ai

Abb. 1: Konstruktion aus De geometricis transmutationibus (nach Nikolaus von Kues [5], Die mathematischen Schriften, 7)

Er geht aus vom Dreieck bcd, dem kleinsten Vieleck. Darin eingeschrieben ist der Innenkreis mit Radius r = af und der Umkreis mit Radius R = ab umschreibt das Dreieck.

Anstatt einen Kreis zu quadrieren, also in ein Quadrat mit gleichem Flächeninhalt umzuformen, nähert sich Cusanus dem Problem durch „Ausrundung" der Vielecke – hier dem Dreieck. Das Problem einfach auf den Kopf gestellt. Statt einen Kreis mit Vielecken gemäß der Exhaustionsmethode nach Archimedes auszuschöpfen rundet er die Vielecke durch Kreise aus – vielleicht kommen wir der Sache so näher.

Welches ist nun der isoperimetrische Kreis zum Dreieck, also der Kreis mit identischem Umfang? Der Umfang des Innenkreises ist sicher zu klein, der Umfang des Außenkreises ist sicher zu groß, also wird der Durchmesser des gesuchten Kreises dazwischen liegen. Um diesen zu bestimmen oder anzunähern, zerlegt der Cusaner die Halbseite bf in 4 gleichlange Abschnitte und verbindet die Teilpunkte i, e und l mit dem Kreismittelpunkt a.

Die Verbindungslinien ai, ae, al werden dann verlängert zu den Punkten k, h und m. Und zwar um jeweils 1/8 der Ausgangslänge, 2/8 und 3/8 der Ausgangslänge.

Es ist also ik = 1/8 ai usw. Warum gerade diese Art der Verlängerung? Nun, das Verlängerte verhalte sich so zur Verlängerung, wie die Strecke von Teilpunkt zu f sich zur gesamten Seite verhält. Denn es ist ja if gerade 1/8 der Seite bc usw.

Jetzt die freche aber falsche Schlussweise – wir vereinfachen hier etwas unzulässig: Da die Strecke am offensichtlich zu groß, die Strecke ak offensichtlich zu klein für die gesuchte Lösung ist, muss ah der richtige Durchmesser sein. Cusanus unterstellt offensichtlich, dass hier ganzzahlige Aufteilungen zugrunde liegen müssen, also der Schnittpunkt des gesuchten Radius bei b + ¼ bc liegen muss. Aber warum eigentlich nicht z. B. bei b + 24/100 bc?

Die Mangelhaftigkeit der Schlüsse lässt uns verwundert die Augen reiben, wie wenig mangelhaft das Ergebnis ist. Wenn wir diesen Ansatz mit einer Seitenlänge von 8 Einheiten durchrechnen[55], erhalten wir den erstaunlich guten Näherungswert für π von 3,142338…, der um 0,00052 näher approximiert als das archimedische 3 1/7[56].

Nun ist allerdings schon das einfache Mittel der archimedischen Grenzen von 3 1/7 und 3 10/71 ein besserer Näherungswert als die Grenzen. Das erstaunlich gute Ergebnis des Cusaners darf also gar nicht erstaunen, er hat ein in der Numerik in späteren Jahrhunderten oft verwendetes Vorgehen gewählt: Verwende einen interpolierten Zwischenwert in den vorgegebenen Grenzen. Dieses Vorgehen – und nicht eine mathematisch saubere Ableitung – brachte ihm die guten Ergebnisse. Es wird dem Cusaner m. E. nicht gerecht, die unzu-

55 bc=8, d.h. U=24 oder $\pi = \frac{24}{2ah} = \frac{12}{ah}$

Außerdem: af=1/2ab (Symmetrieüberlegung); bf=4

$3\,(af)^2=16$ (Pythagoras); $af = \frac{4}{\sqrt{3}}$

$(ae)^2 = \frac{16}{3} + 4$ (Pythagoras) $= \frac{28}{3}$, d.h. $ae = \frac{1}{3}\sqrt{84}$; $ah = \frac{5}{4}\,ae = \frac{5}{12}\sqrt{84}$

Also: $\pi = \frac{144}{5\cdot\sqrt{84}} \approx 3{,}142338\ldots$ ein besserer Wert als die archimedischen Grenzen

$3\frac{1}{7} = 3{,}142857\ldots$ und $3\frac{10}{71} = 3{,}140845\ldots$

56 Eine Approximation der Kreiszahl findet sich schon in der Bibel [9], Einheitsübersetzung, Kön 7,23. Beim Bau des kreisrunden Tempels durch Salomo wurde der Näherungswert 3 verwendet. Diese Zahl ist dabei nicht einfach willkürlich gegriffen, sondern hat als arithmetisches Mittel des Innenkreisquadrates und des Außenkreisquadrates einen soliden mathematischen Hintergrund.

lässige, ja manchmal aus heutiger Sicht naive Schlussweise als hoffnungslos dilettantisch abzutun. Einen wesentlichen Gedanken bringt er meiner Meinung nach ein: die systematische Approximation durch Interpolation.

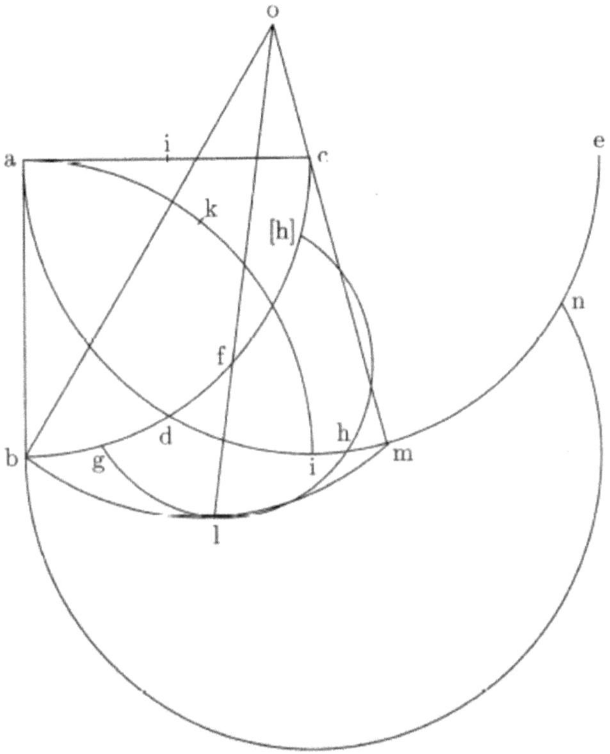

Abb. 2: Konstruktion aus De geometricis transmutationibus (Nicolai de Cusa, Scripta Mathematica [1], 15)

Auch die weiteren mathematischen Sätze geht er ähnlich elementar an:

- Die Festlegung der Streckenverhältnisse zweier Kreisbögen.
- Die Konstruktion geometrischer „Mittel" zu zwei gegebenen Strecken.
- Und die Anwendung des Wissens auf Flächen und Körper und deren Umfang.

Wir wollen die Mathematik und die verschachtelten Überlegungen (vgl. Abb. 2) jedoch nicht vertiefen.

2.2.2.2 Die beiden weiteren Schriften des „Frühwerks“ De arithmeticis complementis und De circuli quadratura

Direkt anschließend im Herbst 1445 schrieb Cusanus seine nächste mathematische Abhandlung „De arithmeticis complementis – Von den Arithmetischen Ergänzungen“, wiederum seinem Freund Paolo Toscanelli gewidmet. Mathematisch enthält diese Schrift im Wesentlichen eine geometrische Betrachtung der Teilungsverhältnisse von Innen- und Umkreis, welche im Dreieck, Sechseck und Achteck verdeutlicht werden. In dieser Schrift bezieht sich Nikolaus explizit auf die archimedischen Grenzen $3\frac{10}{71}$ und $3\frac{10}{71}$ und stellt fest: *„daß dieser Näherungswert fortwährend genauer gemacht werden kann* […], *denn wenn sich auch die Quadratseite aus der zahlenmäßig gegebenen Diagonalen nicht in Zahlen berechnen lässt …“*[57].

Er stellt sich also gegen die vielfache Vorstellung seiner Zeit, dass die Kreiszahl als Verhältnis ganzer Zahlen ausdrückbar ist oder gar, dass die obere archimedische Schranke der exakte Wert der Kreiszahl ist. Er führt aus, dass die Kreiszahl einen ähnlichen Charakter wie $\sqrt{2}$ haben müsse, die beliebig genau angenähert werden kann, aber eben keine Zahl im pythagoreischen Sinne darstellt[58].

Er sagt: „*… wird das Verhältnis des Durchmessers zum Umfang auf jede nur denkbare Weise bekannt sein. Somit weißt Du, was das Gesuchte ist, das die Zahl nicht erreichen kann, damit der Geist erkenne, wie unwissend und mangelhaft der rechnende Verstand ist*“[59].

Hier deutet sich an, dass der Cusaner eine erste Ahnung von der Irrationalität oder darüber hinaus sogar von der Transzendenz[60] des Konstruktes der Kreiszahl π entwickelt, aber diese eben noch nicht als Zahl interpretiert.

Auch seine dritte Schrift „De circuli quadratura – Von der Quadratur des Kreises“ aus dem Jahr 1450 knüpft vom mathematischen Inhalt her an die früheren Schriften an. Die mathematischen Überlegungen sind also elemen-

57 Nikolaus von Kues [5], Die mathematischen Schriften, CA, 30.

58 Böhlandt führt die Betrachtung kompetenter und genauer aus als wir dies hier tun können und schließt mit der Differenzierung zwischen Geometrie und Arithmetik ab: *„Rein geometrisch ist die exakte Quadratur also durchaus zu leisten, ihre arithmetische Fassung aber übersteigt die Möglichkeiten der Zahlendarstellung“* (M. Böhlandt [12], Verborgene Zahl, 212).

59 Nikolaus von Kues [5], Die mathematischen Schriften, CA, 31.

60 Mathematisch genauer: die Kreiszahl ist nicht algebraisch und damit ist die Konstruktionsmöglichkeit nicht gegeben. Natürlich sind das heutige Begriffsbildungen. Zur Geschichte des Problems z. B. bei T. Müller [47], Perspektivität, 50–57.

targeometrischer Natur. Interessanter sind seine Ausführungen zur grundsätzlichen Lösbarkeit des Problems. Er führt die beiden Positionen der Befürworter und Gegner einer Quadraturlösung anhand des Zwischenwertsatzes aus. So heißt es bei ihm: „*Diese Leute*[61] *lassen auch die folgende Schlussweise zu, ohne die sie nichts erreichen könnten. Nämlich: Wo man ein Größeres und Kleineres geben kann, kann man auch ein Gleiches geben*“[62].

Da zu einem gegebenen Kreis das Außenquadrat größer, das Innenquadrat kleiner ist, muss es folglich auch ein der Kreisfläche entsprechendes Quadrat geben. Die Gegner leugnen die Gültigkeit des Zwischenwertsatzes, weil es z. B. inkommensurable Größen gibt und Krummliniges und Gerades nicht als rationales Zahlenverhältnis ausgedrückt werden kann.

Nun wissen wir heute, dass der Zwischenwertsatz[63] auf der Menge der vollständigen reellen Zahlen sehr wohl, im Bereich der (nicht vollständigen) rationalen bzw. algebraischen Zahlen eben nicht gilt. Aber, wir sind im 15. Jahrhundert und damit einige Jahrhunderte vor der mathematisch sauber definierten Welt der reellen Zahlen. Der Cusaner vermittelt nun zwischen den Positionen mittels seiner Erkenntnislehre.

61 Gemeint sind die Befürworter einer Lösungsmöglichkeit des Quadraturproblems.

62 Nikolaus von Kues [5], Die mathematischen Schriften, QM, 37.

63 FESI: Diese Vollständigkeit der reellen Zahlen hat es wirklich in sich, wie die nachfolgende Mathematikgeschichte zeigt und ist keineswegs eine einfache philosophische Spekulation. Ich kann an dieser Stelle z. B. nicht auf die Kontroverse eines L. Kronecker auf der einen Seite und den Analytikern Weierstraß, später Cantor, Dedekind, Hilbert und vielen anderen auf der anderen Seite eingehen und verweise auf die Literatur. In jedem Fall kann die konstruktivistische Position des hervorragenden Leopold Kronecker – bekannt für seinen Ausspruch „*Die ganzen Zahlen hat der liebe Gott gemacht. Alles andere ist Menschenwerk.*“ – nicht allein deshalb ad acta gelegt werden, weil jetzt plötzlich das „Kontinuum“ so mir nichts dir nichts da ist. Der Sachverhalt ist mathematisch gesehen schon etwas komplexer. Einen Gegensatz zwischen Nikolaus von Kues und Leibniz im Sinne einer Ablehnung der These einer möglichen intuitiven Ausprägung und Vorläuferschaft hinsichtlich des infinitesimalen Gedankens bei Cusanus allein deshalb schon anzunehmen, weil der eine mit seiner regula doctae ignorantiae das Kontinuum des anderen nicht kannte, wird dem mathematischen Sachverhalt m. E. nicht gerecht. Zu leicht könnten wir sonst einer Schlussweise dergestalt aufsitzen: Nikolaus von Kues kann schon deshalb kein Vorgänger Leibnizens sein, weil er das Infinitesimalkalkül nicht kannte. Insofern kann ich den Ausführungen in U. Roth [61], Die Bestimmung der Mathematik bei Cusanus, 64, aus mathematischer Perspektive wohl vom Ergebnis, nicht jedoch in der Argumentation folgen und zustimmen. M. a. W.: Das Kontinuum der reellen Zahlen ist so eine einfache Sache nicht und schon gar nicht fällt es mir in den Schoß, weil ich es aus philosophischer Begrifflichkeit so will. Die zentrale Rolle des Zwischenwertsatzes und seiner Gültigkeit im Kontinuum der reellen Zahlen und seiner Ungültigkeit im Bereich der rationalen Zahlen bzw. algebraischer Zahlen, obwohl diese dicht im Kontinuum liegen, wie die Mathematiker sagen, ist gar nicht selbstverständlich und daher eben aus historischer Perspektive und in historischer Entwicklung zu beurteilen und nicht aus der Optik unserer heutigen mathematischen Begriffswelt.

Cusanus weiter:

> *„Bei Dingen, die ein Größer und Kleiner zulassen, gelangt man nicht zu einem schlechthin Größten im Sein und in der Möglichkeit (in esse et posse). Die Kreisfläche ist nämlich im Vergleich zu den Vieleckflächen, die ein Größer und Kleiner zulassen und die Kreisfläche daher nicht erreichen, das schlechthin Größte, so wie die Zahlen nicht erreichen die Fassungskraft der Einheit und die Vielfachheiten nicht die Kraft des Einfachen"*[64].

Böhlandt formuliert hierzu m. E. treffend:

> *„Fasst man den Begriff der Gleichheit nämlich so, daß einem anderen gleich ist, was um keinen rationalen – auch nicht den allerkleinsten – Bruchteil das andere übertrifft oder von ihm übertroffen wird, dann sind nach cusanischer Vorstellung Zwischenwertbetrachtungen zulässig und die Kreisquadratur bis auf infinitesimale Bruchteile möglich. Nur ein* ***absolut*** *gefasster Gleichheitsbegriff verbietet die Angleichung von Kreis und Vieleck. … Im Bereich der sinnlichen Welt lassen sich mittels Zirkel und Lineal Kreis und Vieleck tatsächlich, wie die Befürworter der Kreisquadratur annehmen, so ineinander umwandeln, daß die menschliche ratio keinerlei Abweichungen zwischen den Figuren mehr feststellen kann. Da es in der Welt des Sinnlichen die letzte Genauigkeit nicht geben kann, muß dort an die Stelle der absoluten Gleichheit die näherungsweise Gleichheit treten"*[65].

Wir fühlen uns stark an die argumentativ schwierige, ja verworrene Definitionslage bei den infinitesimalen Δx des Leibniz erinnert. Eine mathematische Formulierung, Operationalisierung oder Axiomatik dieses Infinitesimalen liegt dem Cusaner fern und er entwickelt auch kein infinitesimales Kalkül.

Aber eine Ahnung, um was es hier geht – abgeleitet aus seiner Philosophie – ist deutlich zu spüren. Dennoch verbleibt NvK im Denken der euklidischen Geometrie und im Denken der ersten beiden Schriften[66].

---

64 Zitiert nach M. Böhlandt [11], Wege ins Unendliche, 40f.

65 M. Böhlandt [11], Wege ins Unendliche, 66.

66 Z. B. M. Böhlandt [12],Verborgene Zahl, 226. In diesem Kontext sehr lesenswert die Ausführungen von T. Müller zum Thema Mathematikverständnis bei Cusanus, die hier nicht vertieft werden können (T. Müller [47], Perspektivität, 35–46).

Des Weiteren handelt dieser Traktat von seinen philosophischen Anschauungen, wie wir diese aus den Docta Ignorantia kennen und auf welche wir noch eingehen wollen.

Die ersten Quadraturschriften, insbesondere die guten Näherungswerte für die Kreiszahl führten dazu, dass sich ein mathematischer Ruf des Cusaners schnell entwickelte und herumsprach.

2.2.3 Quadratura circuli – Der infinitesimale Gedanke?

2.2.3.1 Die zentralen neuen Ansätze

Die Schrift „quadratura circuli – Die Kreisquadratur“[67] ist meines Erachtens eine der bemerkenswertesten mathematischen Schriften des Cusaners. Er selbst – wie auch die heutige Cusanusforschung – schätzte sein späteres mathematisches Hauptwerk „De mathematicis complementis – Von den mathematischen Ergänzungen“[68] deutlich höher ein, genauso wie auch sein späteres Werk „De mathematica perfectione – Mathematische Vollendung“ [69] –, das er selbst als seine beste mathematische Abhandlung bezeichnete. In der Tat sind dort Umfang und Ausführlichkeit der Darlegung der mathematischen Sachverhalte größer als in der vorausgegangenen kürzeren Schrift quadratura circuli. Dennoch sind gerade hier einige zentrale Überlegungen erstmalig zu finden, die die Grenzen der antiken mathematischen Denkweise überwinden.

Für mich sind dies die drei zentralen Ideen und damit bekommt die Abhandlung Quadratura circuli quasi den Charakter eines mathematischen Programms des Cusaners:

a) Ausgehend vom klassischen Exhaustionsansatz, d. h. von der stückweisen Ausschöpfung eines Kreises durch eingeschriebene Vielecke, wendet der Cusaner das Problem konsequent zu einem Ausrundungsproblem:
Ein gegebenes Vieleck mit gegebenem Umfang wird durch eingeschriebene und umgeschriebene Kreise angenähert. Die originelle Idee der Ausrundung[70] statt Exhaustion führt den Cusaner zu besseren Ergebnissen und

67 Im Folgenden zitiert nach Nikolaus von Kues [5], Die mathematischen Schriften, abgekürzt QC. Mangels Einsicht in die Werke „Basler Druck, 1565“ und „Nürnberger Druck, 1533“, Handschriften sind meines Wissens nicht erhalten, verlasse ich mich hier wesentlich auf die Ausführungen von J. E. Hofmann (Nikolaus von Kues [5], Die mathematischen Schriften) und M. Böhlandt [11], Wege ins Unendliche.

68 Wie oben abgekürzt CM.

69 Wie oben abgekürzt PM.

70 arcus = der Bogen.

wir müssen an die heutige Mathematik denken, in der die Lösung eines Problems oft auf die Problemlösung einer gleichwertigen Fragestellung in einem anderen Kontext, in einem anderen Axiomengebäude oder gar in einer anderen mathematischen Teildisziplin zurückgeführt wird.
Wenn dieser Gedankengang auch nicht neu war, sondern sowohl in den früheren cusanischen Schriften als auch zu seiner Zeit schon vorhanden[71] war, so wird dieser Ansatz hier doch – weg vom heuristisch Probierenden hin zum deduktiven mathematisch mehr oder weniger streng Ableitenden – konsequent zu Ende gedacht und auf eine Problemlösung fokussiert.

b) Die zweite Idee ist die Übertragung des Prinzips des coincidentia oppositorum, des Zusammenfalls der Gegensätze, von seiner Philosophie auf die Mathematik (Prinzip der coincidentia extremorum). Das, was wir im Grenzbereich vernünftigerweise annehmen und voraussetzen können (visio intellectualis), kann durch quantitative Proportionalitätsüberlegungen (visio rationalis) zwar nicht exakt bewiesen, wohl aber beliebig genau angenähert werden und damit in einem infinitesimalen Übergang das gesuchte Verhältnis von Kreisumfang zu Kreisdurchmesser gedacht werden[72]. NvK erfindet sozusagen eine „Intellektuale Mathematik“[73].

c) Das Verhältnis von Flächenproportionen der Vielecke mit immer höheren Eckenzahlen wird in Relation zu den entsprechenden Differenzen von Radien der Innen- und Umkreise gesetzt und auf jede geforderte Genauigkeit wird die Kreiszahl angenähert. Der approximative Prozess wird als mathe-

71 M. Böhlandt [12], Verborgene Zahl, 31, insbesondere *„die relativ breit verbreitete anonyme Isoperimeterabhandlung.“*

72 So schließt Nikolaus von Kues sein Quadratura circuli mit den Worten: *„Das Vorliegende habe ich vor allem geschrieben, um die Kraft des Schlusses von den Koinzidenzen aufzuweisen. Vermittels dieser Kunst kann man auf jedem Gebiet das Verborgene durchdringen. Einzig und allein aus der Koinzidenz der In- und Umkreishalbmesser, die in allen Vielecken verschieden sind, und nur im Kreis zusammenfallen, hat uns diese Untersuchung zum Ziel geführt. Lob sei Gott.“* (Nikolaus von Kues [5], Die mathematischen Schriften, QC).

73 FESI: Müller und andere sprechen von einem dualen (vgl. z. B. T. Müller [47], Perspektivität, 45f) oder auch intellektualen Mathematikverständnis. Verwendet wird dieser Begriff in einem übertragenen Sinn. Dagegen stellt der Schreibende die Behauptung auf, dass NvK nicht nur von einer „übertragenen“ oder „übersteigenden“ Bedeutung einer „intellektualen Mathematik“ ausging, sondern tatsächlich eine konkrete Vorstellung im Sinne von neuartigen, erfundenen mathematischen Konstrukten besaß. So wie wir uns die reellen Zahlen auf einem durch die rationalen Zahlen aufgespannten Zahlenstrahl eingemischt vorstellen, so hatte NvK vielleicht eine Vorstellung, dass die Zahlen wie die Kreiszahl auf einer höheren Ebene zu denken sind. Da diese These jedoch etwas abseits von unserem Thema liegt, wird diese hier nicht vertieft.

matisches Konstrukt gedacht – ein ganz moderner Ansatz. D. h. von der Geometrie wird auf Zahlenverhältnisse in einem approximativen[74] Algorithmus geschlossen, welcher für alle praktischen Zwecke ausreicht.

2.2.3.2 Die historische Verortung der Kreisquadratur QC

Hofmann[75] lokalisiert die Schrift auf Dezember 1450 inmitten seiner Vorbereitungen für seine große Legationsreise von Anfang 1451 bis Anfang April 1452 nach Deutschland. Er weist nach, dass der Entstehungszeitpunkt nach der Schrift „De Circuli quadratura" und damit nach dem Sommer 1450 liegen muss und weiterhin eine bedeutende Vorlage darstellt für das erste Buch der „Complementa mathematica", welches im Sommer 1453 entstanden war. Auch ist durch Textanalysen zu belegen, dass Nikolaus die in 1450 verfassten Idiota-Schriften vorher abgeschlossen hat.

Andere, wie z. B. Nagel[76] und darauf sich berufend auch Böhlandt[77] datieren die Kreisquadratur eher auf das Jahr 1453 und begründen dies mit den vielfältigen inhaltlichen Bezügen zu den nachfolgenden Werken, deren Entstehungszeitpunkt wir kennen.

Die Datierung kreist weiterhin um folgende historische Begebenheiten: In den Jahren seines Pontifikats 1447–1455 ließ Papst Nikolaus V, mit bürgerlichem Namen Thomas Parentuccelli, *1397 †1455, er war also 4 Jahre älter als Nikolaus von Kues, in großen Anstrengungen des Renaissance-Humanismus das klassisch-griechische Wissen wieder aufleben, zusammentragen und übersetzen.

So ist auf Nikolaus V. der systematische Aufbau und die Erweiterung der Vatikanischen Bibliothek zurückzuführen. Ob wir heute noch die Übertragung solcher Schätze nach Rom gutheißen würden, ist eine andere Sache. Im Rahmen einer sich neu bildenden Archimedes Rezeptionstradition verfasste Jacobus von Cremona eine umfassende Archimedes-Übersetzung in Latein. Der Cusaner kannte Nikolaus V. aus gemeinsamer Studienzeit in Padua über den gemeinsamen Freund Paolo Toscanelli, wir haben davon ja bereits gehört, und er hatte, das wissen wir, auch Einblick in diese Übersetzung. So bedankt er sich bei Papst Nikolaus 1453 in dem Traktat „Von den

74 Nikolaus Stuloff weist bereits auf diesen approximativen Ansatz bei NvK hin (N. Stuloff [70], Die Herkunft der Elemente der Mathematik, 59f).

75 Nikolaus von Kues [5], Die mathematischen Schriften, 59.

76 F. Nagel [51], Nicolaus Cusanus und die Entstehung der exakten Wissenschaften, 70–73.

77 M. Böhlandt [11], Wege ins Unendliche, 73–75, auch derselbe [12], Verborgene Zahl, 238f.

mathematischen Ergänzungen“ für deren Übermittlung. Wir führen uns diesen Vorgang einmal vor Augen durch ein Zeitreiseexperiment in unsere Zeit: Papst Benedikt XVI. schickt Karl Kardinal Lehmann eine englische Übersetzung der Gauß-Schriften und dieser kommentiert diese mathematisch!

Ob der Cusaner allerdings bereits 1450 einen Einblick in die Cremonische Ausgabe hatte, ist ungewiss, in jedem Fall bezieht er sich in der Kreisquadratur sehr ausführlich auf die Beschreibung der arithmetischen Spirale und die Berechnungen des Archimedes. Auch die Eingangsworte des Cusaners selbst sprechen eher für eine Datierung nach 1450:

> *„Zwar haben uns eine höhere Betrachtung*[78] *und das allgemeine Beste schon lange von geometrischen Studien abgezogen, aber zwischen den zahllosen ernsten Sorgen, die mit dem Amt eines päpstlichen Gesandten verbunden sind, mischte sich ergötzend in die Gespräche der Gelehrten die Behauptung von der wissensmöglichen, aber nicht gefundenen Quadratur des Kreises; neulich haben wir sie zu Pferde immer wieder überdacht und dann zusammengeschrieben, was wir erreicht haben“*[79].

Es ist m. E. doch eher unwahrscheinlich, dass der Cusaner diese Abhandlung – nach vielleicht nur kurzem Blick auf die lateinische Übersetzung der Archimedesschriften – in wenigen Stunden auf dem Pferde im Dezember 1450 erdacht und dann in Hast zusammengeschrieben hat. Ich möchte mich daher der Datierung nach seinem Aufenthalt in Rom im Frühjahr 1453 anschließen, wo er Zeit für eingehendere Quellenstudien hatte. Eine Verortung der Schrift nicht nur im inhaltlichen, sondern auch in zeitlichem Kontext der Hauptschrift „De mathematicis complementis“ ist zumindest nicht abwegig.

2.2.3.3 Das mathematische Konstrukt

Die folgende Darstellung ist vereinfacht, in eine heutige Notation transferiert und an Cantor[80] angelehnt.

Cusanus betrachtet ein Dreieck mit zugehörigem Innenkreis und Umkreis (Abb. 3, Abb. 1), dann ein Viereck (Abb. 4) mit zugehörigem Innenkreis (r_4) und Umkreis (R_4) usw., allgemein ein Vieleck mit zugehörigem Innenkreis und

78 Vermutlich sind die Idiota-Schriften gemeint.

79 Nikolaus von Kues [5], Die mathematischen Schriften, CQ, 58.

80 M. Cantor [16], Vorlesungen über Geschichte der Mathematik, 194–199.

Umkreis. Natürlich liegt der isoperimetrische – umfanggleiche – Kreis irgendwo dazwischen.

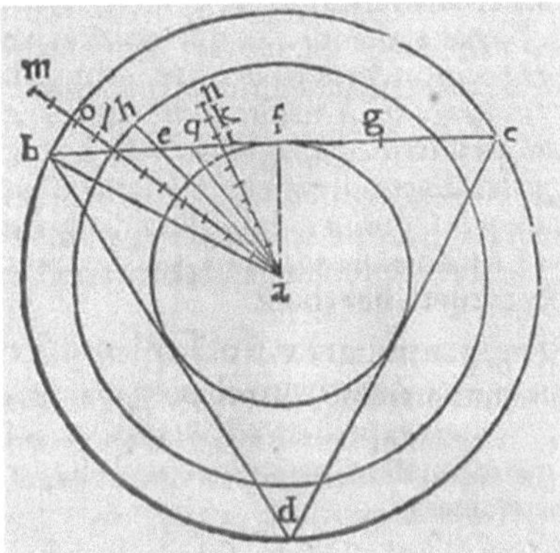

Abb. 3: Dreieck mit Innen- und Außenkreis
(NvK: Nicolai de Cusae Cardinalis Opera [0], 949)

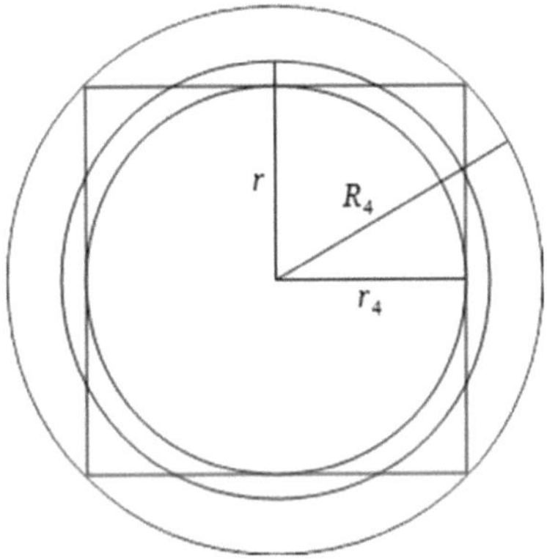

Abb. 4: Quadrat mit Innen- und Außenkreis

Wenn wir genügend viele Ecken in unserem Vieleck konstruieren, so nähern sich Innenkreis und Umkreis immer stärker an, und im Kreis schließlich fallen Kreis mit Halbmesser r, Innenkreis und Umkreis zusammen.

Im Dreieck ist die Differenz (R_n – r_n) zwischen Innen- und Umkreis am größten, im Kreis gedacht als unendliches Vieleck ist die Differenz nicht mehr gegeben.

Cusanus geht dabei aus von einem regelmäßigen Vieleck – d.h. alle Seiten sind gleich lang – mit dem Umfang U=2. Direkt aus der Skizze sind dann einsichtig:

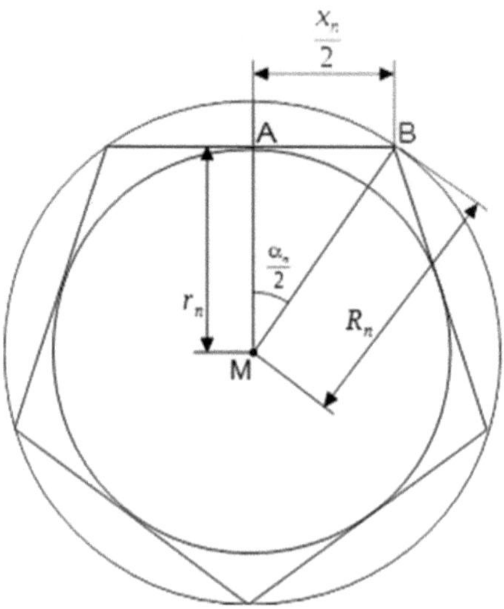

Die Seitenlänge $x_n = \frac{2}{n} = \frac{U}{n}$

Der Zentriwinkel $\alpha_n = \frac{2\pi}{n}$

Die Fläche $F_n = r_n = \frac{U}{2}$

Abb. 5: Fünfeck mit Innen- und Außenkreis

Die Fläche F_n des Vieleckes ist gerade das 2n-fache der Fläche des Dreiecks AMB, welche wiederum $\frac{1}{2} \cdot \left(r_n \cdot \frac{x_n}{2} \right)$ beträgt. Mithin $F_n = r_n \cdot \frac{U}{2}$

Der Umfang vom Umkreis ist immer größer, der Umfang vom Innenkreis ist immer kleiner als der Umfang U (den Cusanus ja o. B. d. A. als 2 setzt), also haben wir die eingabelnde, die einschachtelnde Ungleichung

$$2 \pi r_n < 2 < 2 \pi R_n$$

oder nach Umformung

$$r_n < \frac{1}{\pi} < R_n$$

In moderner Terminologie, die bei Cusanus natürlich noch nicht zu finden ist, haben wir π, eigentlich $\frac{1}{\pi}$, also als Grenzwert, als gedachten Grenzübergang eines Annäherungsprozesses definiert:

$$\boxed{\lim_{n\to\infty} r_n = \lim_{n\to\infty} R_n = \frac{1}{\pi}}$$

Formel 1

Zwischen dem Innenkreishalbmesser r_n und dem Umkreishalbmesser R_n gilt nach Pythagoras die einfache Beziehung

$$R_n^2 = r_n^2 + \left(\frac{x_n}{2}\right)^2 = r_n^2 + \frac{1}{n^2} \qquad \text{d.h.} \qquad R_n^2 - r_n^2 = \frac{1}{n^2}$$

Formel 2

Nun wissen wir um eine Annäherung, wissen auch, dass die Flächen der Vielecke (= Flächen der Vielecke über die Halbmesser R_n bzw. r_n) sich beliebig annähern und damit den gesuchten Wert der „ausgerundeten Fläche“ annähert. Wie aber ist dieser konkret zu berechnen? Nikolaus entwickelt die Formel über eine Flächenproportionalität.

An dieser Stelle nur eine Skizze in unserer heutigen Schreibweise, wie diese in der „Kreisquadratur“ so nicht zu finden ist, aber aus seinen Schriften entwickelbar ist. Wir gehen über zu einer Verdoppelung der Eckenzahl:

$$\begin{aligned} R^2_{2n} - r^2_{2n} &= \frac{1}{(2n)^2} = \frac{1}{4} \cdot \frac{1}{n^2} = \frac{1}{4}(R_n^2 - r_n^2) \quad \text{nach Formel 2} \\ &= \frac{1}{4}(R_n + r_n)(R_n - r_n) \\ &= \frac{1}{4}(R_n + r_n)(2R_n - (r_n + R_n)) \\ &= \frac{1}{2}(r_n + R_n)R_n - \left(\frac{r_n + R_n}{2}\right)^2 \end{aligned}$$

Formel 3

Damit haben wir durch Zuordnung der Terme und der Rekursionsformeln

$$r_{2n} = \frac{1}{2}(r_n + R_n)$$

$$R_{2n} = \sqrt{r_{2n} \cdot R_n}$$

einen ganz effizienten, rekursiven Näherungsalgorithmus, den Cusanus Algorithmus, der mit geeigneten Startwerten z. B. im Viereck mit $r_4 = \frac{1}{4}$ und $R_4 = \frac{1}{4}\sqrt{2}$ auch im 21. Jahrhundert gut verwendbar ist und sehr gute Dienste tut.

Wie gesagt, wir finden diese Herleitung nicht in dieser Form bei Cusanus, es verlangt schon etwas Übersetzung und das Lesen seiner Schriften ist mitunter sehr mühsam, auch weil es zu der Zeit kaum eine mathematische Notation gab. Zudem sind seine Schlüsse manchmal dunkel oder auch schlichtweg falsch. Dennoch ist das Ergebnis beeindruckend.

2.2.3.4 De mathematicis complementis

Das in der „Quadratura circuli“ angesprochene und skizzierte Überschreiten klassischer mathematischer, insbesondere euklidischer Denkmuster wird in seiner umfangreichsten und für den Cusaner wohl wichtigsten mathematischen Schrift, den „mathematischen Ergänzungen“ weitergeführt und verfeinert. Böhlandt[81] verweist auf den engen Zusammenhang dieser Schriften.

Im ersten Buch führt er zunächst einige Begriffe ein: Die Prim (linea prima) ist der Innenkreisradius, nach unserer Bezeichnung also r. Die Secund (linea secunda) ist der Umkreisradius, nach unserer Bezeichung also R.

Die Differenz ist der Pfeil (sagitta), nach unserer Bezeichnung also $s = (R - r)$ bzw. $s_n = (R_n - r_n)$.

81 Böhlandt führt inhaltliche Argumente an und zitiert den Nvk selbst als Zeugen: *„Nikolaus hat diese textübergreifende Korrelation auch selbst herausgestellt. Die ‚Mathematischen Ergänzungen‘ sollen das Grundsatzverfahren der Quadratura circuli für all jene in aller Ausführlichkeit verständlich machen, die auf das Studium der Mathematik keine Mühe verwendet haben.“* (M. Böhlandt [12], Verborgene Zahl, 238f). Vgl. auch Nikolaus von Kues [5], Die mathematischen Schriften, CM, 72–73.

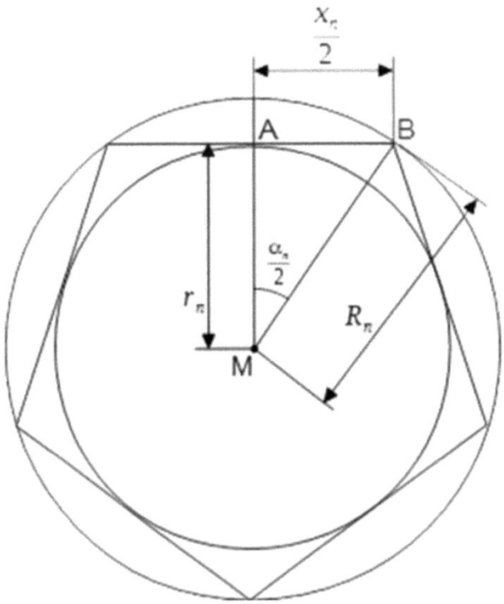

R_n - Umkreisradius
r_n - Innenkreisradius
$s_n = (R_n - r_n)$ - Sagitta
$\lim_{n\to\infty} r_n + R_n = 2r$
$F_n = r_n \cdot \frac{U}{2}$

Abb. 6: Fünfeck mit Innen- und Außenkreis

Je nach Vieleck, z. B. 3-Eck, 4-Eck, 5-Eck usw. indizieren wir diese Strecken mit n also r_3, r_4, r_5, … und R_3, R_4, R_5 …

Mit unserer Begriffsbildung behauptet Nikolaus nun

$$\lim_{n\to\infty} r_n + R_n = 2r = 2R$$

Formel 4

und ist damit dem infinitesimalen Kalkül sehr nahe. Er operationalisiert diesen Prozess aber nicht, sondern wir interpretieren mit dem Wissen von heute.

Im Satz 11 seines ersten Buches – es gibt zwei Bücher – der mathematischen Ergänzungen schreibt Nikolaus:

„Wenn man den Überschuss der Kreisfläche über die Dreieckfläche der Differenz von Sekund und Prim im Dreieck entsprechen läßt, so wird der Überschuss der Kreisfläche über die Fläche eines Vielecks zwischen Kreis und Dreieck der Differenz seiner Sekund und Prim entsprechen. Und wenn man im Dreieck den Überschuss der Hälfte oder einem anderen

Bruchteil der Differenz von Sekund und Prim entsprechen läßt, so wird das Gleiche in den dazwischen liegenden Vielecken gelten“[82].

Und dann weiter im Satz 12:

> *„Der Überschuss der Kreisfläche über die Fläche des isoperimetrischen Dreiecks verhält sich zum Überschuss der Fläche eines zwischen Kreis und Dreieck liegenden Vielecks über die nämliche Dreieckfläche wie der Dreieckpfeil sich zur Differenz zwischen dem Dreieckpfeil und dem Pfeil des fraglichen Vielecks verhält“*[83].

Der Gedankengang und die Beweisführung soll hier nicht im Detail nachzeichnet werden. Vereinfachend wird nur eine Ideenskizze entsprechend heutiger Terminologie gegeben.

Zunächst argumentiert Nikolaus, dass der Pfeil $s_n = R_n - r_n$ für 3 am größten ist und kleiner wird, je größer n wird, also je mehr Ecken der Polygonzug hat.

Weiterhin argumentiert Nikolaus, dass im Extremum des Unendlichvielecks der Unterschied 0 ist, da Prim und Sekund zusammenfallen. Ich glaube, das können wir dem Cusaner abnehmen, wenn wir auf die Skizze (Abb. 6) schauen.

Weiterhin ist die Fläche F des zum Dreieck isoperimetrischen Kreises größer als die Fläche des Dreiecks.

$$F > F_3, \text{ entsprechend } F > F_n > \ldots > F_3$$

Formel 5

Weiter weist Nikolaus am Dreieck nach, dass mit einem geeigneten Proportionalitätsfaktor k dieser Flächenüberschuss – Kreisfläche über Dreiecksfläche – proportional zum Streckenüberschuss $R_3 - r_3$, also der Sagitta ist.

82 Nikolaus von Kues [5], Die mathematischen Schriften, 79.

83 Ebda, 85.

Wir haben also den Satz 11 als Formel:

$F - F_n = k\,(R_3 - r_3)\,;\,k > 0$

Und das gilt auch für das „Unendlichvieleck“

$F - F_\infty = 0 = k\,(R_\infty - r_\infty) = k\,(R - R);\,k > 0$

Und jetzt der geniale, aber leider falsche Schluss: Was im Extremen gilt, muss auch dazwischen gelten.

$F - F_n = k\,(R_n - r_n)$ z. B. $n = 96$
$F - F_m = k\,(R_m - r_m)$ z. B. $m = 5$

Bei Division der Gleichungen kürzt k sich heraus:

$$\frac{F - F_m}{F - F_n} = \frac{R_m - r_m}{R_n - r_n}$$

Formel 6

Und für m=3 ist das in unserer Notation gerade der Satz 12 des Cusaners.

Nun ist $F = \frac{1}{2} U \cdot R$, $F_m = \frac{1}{2} U \cdot r_m$ $F_n = \frac{1}{2} U \cdot r_n$

und wir setzen diese Werte ein und erhalten:

$$\frac{\frac{1}{2} U \cdot R - \frac{1}{2} U \cdot r_m}{\frac{1}{2} U \cdot R - \frac{1}{2} U \cdot r_n} = \frac{R - r_m}{R - r_n} = \frac{R_m - r_m}{R_n - r_n}$$

Das vereinfachen wir weiter und erhalten entsprechend

$$R = \frac{r_n \cdot R_m - r_m \cdot R_n}{(R_m - r_m) - (R_n - r_n)} = \frac{r_n\,(R_m - R_n) + R_n\,(r_n - r_m)}{(R_m - r_m) - (R_n - r_n)}$$

Formel 7

Der Cusaner hat leider übersehen, dass der Proportionalitätsfaktor k in obiger Formel 6 nicht immer gleich sein muss. Umso erstaunlicher, dass das Ergebnis auch hier wieder beste Näherungswerte zeigt.

In seiner Begeisterung für das gefundene neuartige Näherungsverfahren, schreibt er: „*...und dies ist die letzte Vollendung der geometrischen Lehre, zu der die Alten, soviel ich gelesen habe, bisher nicht vorgedrungen sind*“[84]. In seiner Begeisterung rechnet er mit m=3 und n=4, also dem Dreieck und Viereck, ein Beispiel durch und erzielt prompt Werte, die außerhalb der archimedischen Grenzen liegen. Hätte er wenigstens ein 16-Eck gewählt, so wäre das Urteil der Fachmathematiker vielleicht gnädiger ausgefallen.

2.2.3.5 Kritik- und Lernfähigkeit des Cusaners: Das zweite Buch De mathematicis complementis und die Complementa theologica

Die Ausführungen des Nikolaus in den mathematischen Ergänzungen waren für einen Fachmathematiker auch zu seiner Zeit keinesfalls schlüssig, auf jeden Fall aber nicht erschöpfend, sondern es handelt sich um eine punktuelle, schwer verständliche Schrift, die allerdings originelle Ideen und einen guten Approximationsalgorithmus enthält.

Aber Nikolaus selbst war völlig überzeugt und mächtig stolz, dass er den entscheidenden Durchbruch geschafft hat:

> *„Daraus läßt sich das, was nicht nur in der Geometrie bisher verborgen blieb, sondern auch in der Musik und in den musikalischen Instrumenten unbekannt war, weiter verfolgen, so daß dem, der seinen Verstand anstrengen will, sich in aller Klarheit erschließt, was in der Geometrie überhaupt je wissensmöglich war, aber nicht wirklich gewußt wurde. Daher trägt diese Erfindung mit Recht den Namen Ergänzung (Complementum) und verdient es, allgemein bekannt zu werden durch Deine*[85] *wunderbare Machtbefugnis ...* “[86].

Dieses „Scibilis sed non scita“ meint nun nicht, dass Nikolaus von der Möglichkeit der Quadratur des Kreises überzeugt war. Er glaubt aber den Schlüssel für das Problem in der Hand zu haben und das Wissensmögliche durch den

84 Nikolaus von Kues [5], Die mathematischen Schriften, 90.

85 FESI: Gemeint ist vermutlich Papst Nikolaus V.

86 Nikolaus von Kues [5], Die mathematischen Schriften, 92.

infinitesimalen Übergang, durch den progresso ad infinito – wie er später in seinen „Dialogas de circuli quadratura“ formulieren wird[87], eine praktische, für alle der „Ratio“ zugänglichen Zwecke ausreichende Antwort gegeben zu haben. Selbst wenn eine exakte Überführung des Gekrümmten in das Gerade verstandesmäßig – also mathematisch – nicht möglich ist.

NvK verschickte seine Arbeit an zwei befreundete Fachmathematiker. Natürlich an seinen Freund Paolo Toscanelli. Die Reaktion der mathematischen Fachwelt muss für Nikolaus ein kleiner Schock gewesen sein. Toscanelli tat sich mit den unklaren Ausführungen wohl ebenso schwer wie wir heute, er bat um zusätzliche Auskünfte. So lässt Cusanus selbst in seiner späteren Schrift „Dialogus de circuli quadratura – Dialog über die Kreisquadratur“ – seinen Freund in einem fiktiven Dialog die Worte sagen:

> *„... und Du weißt, wie sehr es mich nach der bisher unbekannten Kreisquadratur gelüstet. Daher bitte ich Dich, mache mir Mitteilung, wenn Dir nach Deinen, wie mir scheint etwas dunklen und unsicheren Büchern über die mathematischen Ergänzungen, die Du mir geschickt hast, eine andere zuverlässigere Methode eingefallen ist“*[88].

Vorausgegangen war ein Briefwechsel im Winter 1453/1454, in dem Toscanelli sehr vorsichtig auf die mathematisch-handwerklichen Defizite, auf die ausschweifende und schwer verständliche Darstellung, vor allem aber auf die entscheidenden Unzulänglichkeiten in der Proportionalitätsbehauptung hingewiesen hat[89].

Daraufhin hat Nikolaus versucht, sein erstes Buch der Ergänzungen durch einen zweiten angefügten Teil, das zweite Buch, so zu ergänzen, dass sein Quadraturangang nun verständlicher wurde. Aber auch das Gesamtwerk fand keine Gnade bei seinem Freund Toscanelli und in der mathematischen Fachwelt.

Der zweite Mathematiker, an den Nikolaus seine Arbeit schickte, war Georg Peuerbach, welcher wiederum der Lehrer des jungen Johannes Müller war, der sich nach seinem Heimatort Königsberg Regiomontanus nannte und später zu einer mathematischen Autorität heranreifte, der in Wien, Nürnberg und Rom lehrte, der das erste Observatorium Europas baute, der Ptolemäus

87 Ebda, 241.

88 Nikolaus von Kues [5], Die mathematischen Schriften, 143.

89 M. Böhlandt [11], Wege ins Unendliche, 82.

übersetzte, den Kalender verbesserte – wie Cusanus ja auch an der Kalenderfrage arbeitete – und ein ausgezeichnetes trigonometrisches Tafelwerk in Vollendung des von Peuerbach begonnenen Werkes erarbeitete, mit dem Kolumbus Amerika entdeckte. Er übertraf also seinen Lehrer Peuerbach und es ist natürlich bemerkenswert, dass die Arbeiten des Außenseiters Nikolaus von Kues von den absoluten mathematischen Geistesgrößen jener Zeit begutachtet wurden.

Wie die Reaktion von Georg Peuerbach (1423–1461), der in Wien lehrte, ausfiel, wissen wir nicht, es ist aber aus einer späteren Schrift des Cusaners „Declaratio rectilineationis curvae – Erklärung der Kurvenausstreckung" – zu schließen, dass auch Peuerbach die Beweisführung des Cusaners ablehnte und dieser versuchte, Ergebnisse nachzureichen[90].

Vernichtend das Urteil des Regiomontanus, der den Nachlass seines Lehrers Peuerbach durcharbeitete und damit auch die Schrift des Nikolaus von Kues. Er ärgerte sich maßlos über die vermeintlich vertane Zeit und schrieb – 10 Jahre nach dem Tod des Cusaners: *„Ein lächerlicher Geometer sei der Cusaner gewesen, der das Geschwätz in der Welt unnötig vermehrt habe."* Aber – so übersetze ich jetzt etwas sehr frei weiter – *„Da er ja so viele Arten der Kreisquadratur herausgegeben hat, muß er sich nicht mit den wertlosen Kleinigkeiten der Genauigkeit abgeben, wenn er sich doch noch auf den Lullus berufen kann"*[91].

Nun ist das in der Mathematik nicht ungewöhnlich, dass eine neue Theorie angefeindet wird oder zunächst in der Beweisführung lückenhaft oder gar widersprüchlich ist.

Nikolaus nahm die Kritik ernst und nahm sie an. In seiner späten Prachthandschrift gesteht er zu, dass seine Folgerungen nur dann richtig sind, wenn die Proportionalitätsvermutung so richtig ist, was aber fraglich ist[92].

Wichtiger aber als sein mathematischer Ruf ist ihm seine philosophische und theologische Reputation. Er verfasste daher die „De theologicis complementis – Von den theologischen Ergänzungen"[93] und bat darum, beide Schrif-

90 M. Böhlandt [11], Wege ins Unendliche, 86f.

91 „Quippe qui plurimos quadrabilis circuli modos edidit frivolos penitus et non nisi Lullianis quibusdam suasiunculis initentes". (M. Curtze, [19], Urkunden zur Geschichte der Mathematik, 329). Zur Kritik des Regiomontanus: J. E. Hofmann [34], Über Regiomontanus und Buetons Stellungnahme zur Kreisquadratur des Nikolaus von Kues, 149.

92 M. Böhlandt [11], Wege ins Unendliche, 86f.

93 FESI: M. Böhlandt [12], Verborgene Zahl, 252, weist dieser Schrift keine besondere Relevanz in puncto Mathematik zu: *„Die einzelnen gedanklichen Ansatzpunkte und Entwicklungsstränge der*

ten nur gemeinsam zu kopieren. Die methodischen Mängel der „mathematischen Ergänzungen" sind also alles andere als geprägt von einer „certitudo incorruptibilis" – einer unvergänglichen Sicherheit.

Damit aber die mathematischen Unzulänglichkeiten nicht auch seine gesamte Grundsatzlehre von der Koinzidenz der Gegensätze hinterfragen, versucht der Cusaner mit seiner Philosophie das zu leisten, was ihm mit der Geometrie nicht gelungen ist. Dieses Werk allein wäre es wert, intensiv besprochen zu werden und die Querverweise und gegenseitigen Bezüge herauszuarbeiten ist bestimmt lohnenswert.

Auch wäre es sicher an der Zeit, dem Wunsche des Cusaners gerecht zu werden und eine gemeinsame Übersetzung der Werke – verständlich, kommentiert und übersetzt für die heutige Zeit – herauszugeben. Es bleibt also noch einiges zu tun in der Cusanusforschung.

Nikolaus von Kues ließ sich nicht unterkriegen. Den typischen Zyklus Beschäftigung und Vertiefung mit der Mathematik, Begeisterung und Stolz über etwas Neues, Tal der Kritik und Einsicht sowie Aufraffen zur Wiederinangriffnahme des Problems durchlebte er mehrmals.

2.2.4 De mathematica perfectione

2.2.4.1 Einordnung der mathematischen Vollendung

Die weiteren mathematischen Mühen münden etwa 1458 in der Schrift „De mathematica perfectione – Über die mathematische Vollendung" – ein anspruchsvoller Titel.

In dieser Schrift gibt es Bezüge zu seinem philosophischen und theologischen Werk, z. B. zu seiner Schrift „De beryllo", die auf Bitten der Mönche vom Tegernsee entstand, heute würden wir sagen, sie bildeten eine treue Fangemeinde des Cusaners, die seine Werke häufig kopierten und sich eine verständlichere Abhandlung erhofften über das, was *„vielen dunkel erscheint, insbesondere über den Zusammenfall der Gegensätze, den unendlichen Kreis und derartiges"*[94].

Schrift [d. h. der theologica complementis; Anm. d. V.] *(~ 1453) sind sicher interessant, für die weitere Entwicklung der cusanischen Mathematik aber von untergeordnete Bedeutung."* Der Schreibende dagegen glaubt, dass gerade diese Schrift Hinweise dafür enthält, wie die konkrete Vorstellungswelt seiner intellektualen Mathematik gedacht werden darf.

94 Zitiert nach M. Böhlandt [11], Wege ins Unendliche, 104.

Aber die Arbeit ist anders als frühere Schriften nicht sprunghaft, bleibt beim Thema, ist gut strukturiert[95]. Der Aufbau der „Vollendung“ ist trotz einiger Unstimmigkeiten – der Cusaner hatte offensichtlich wenig Zeit für eine redaktionelle Überarbeitung – für einen Mathematiker eine Freude mit klarer Struktur in der Abfolge Satz, Beweis, Erläuterung und ohne große Abschweifungen oder Ausführungen außerhalb des mathematischen Gegenstandes. Nur, wo es aus Sicht des Cusaners zwingend geboten ist, gibt es Bezüge zu seinem Werk, z. B. zu seinem Konzept der visio intellectualis[96], die dem menschlichen Geist den Übergang zum Bereich des Göttlichen ermöglicht.

Nikolaus selbst hat die „Mathematische Vollendung“ später als seine beste Quadraturabhandlung bezeichnet, nicht nur wegen der Güte der Ergebnisse. Im Gegensatz zu seinen früheren Schriften, die auf Basis bestimmter Prinzipien dennoch heuristisch induktiv angelegt sind, versucht der Cusaner jetzt eine streng deduktiv-schlüssige Beweiskette vorzulegen.

Hofmann[97] weist darauf hin, dass der enge Zusammenhang, ja die Äquivalenz der neuen Aussagen zu seinen bisherigen Erkenntnissen ihm gar nicht bewusst war.

> *„Mein Streben geht dahin, aus der Koinzidenz der Gegensätze die Vollendung der Mathematik zu gewinnen. Und weil diese Vollendung vor allem in der Angleichung einer geraden und einer gekrümmten Größe besteht, setze ich mir zur Aufgabe, das Verhältnis zweier Strecken zu untersuchen, die sich wie Sehne und zugehöriger Bogen verhalten“*[98].

Das ist das Programm des Cusaners in dieser Schrift – klar und verständlich. Er postuliert dann weiter sehr deutlich die Unmöglichkeit der Kreisquadratur im klassischen Sinn:

95 M. Böhlandt [12], Verborgene Zahl, 292, weist nach, dass dies nur für die letzte Version der PM gilt, die in den Handschriftenkanon übernommen wurde, den NvK selbst zusammengestellt hat. Diese Version ist sozusagen eine um die philosophischen und erkenntnistheoretischen Teile verschlankte Version für die Mönche vom Tegernsee. De beryll und PM gehören danach zusammen.

96 K. Reinhardt [59], Eine bisher unbekannte Handschrift, 141 (Transkription der Vorform von De mathematica perfectione, Z. 303). *„Visio autem intellectualis nominatur per magnum Dionysium transitio in deum“.*

97 Nikolaus von Kues [5], Die mathematischen Schriften, XXXIX.

98 Ebda, 161.

„Aber wie ist es mir möglich, das Verhältnis einer beliebigen gegebenen Sehne zu ihrem Bogen zu erkennen, da zwischen diesen wesentlich verschiedenen Größen kein in Zahlen angebbares Verhältnis besteht?“[99].

Und Nikolaus gibt uns die Antwort, bei der wir uns – zugegeben aus heutiger, also ahistorischer Perspektive – doch an Leibniz und seinen verschwindend kleinen, aber von 0 verschiedenen Größen dx erinnert fühlen:

„Es wird also nötig sein, zum geistigen Schauen (visus intellectualis) zurückzukehren; es sieht, daß eine allerkleinste, aber nicht mehr angebbare Sehne mit dem Bogen zusammenfällt“[100].

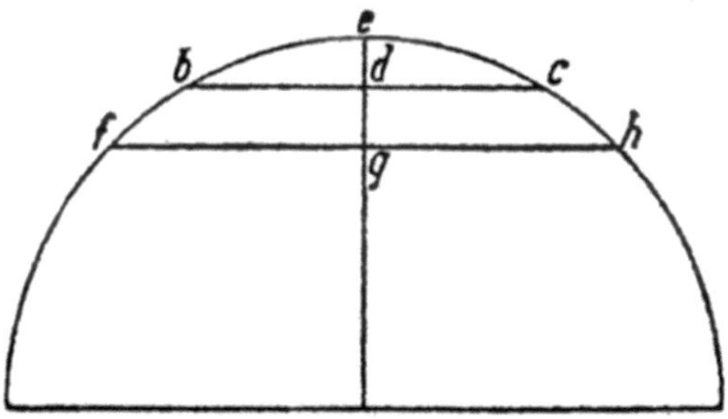

Abb. 7: Konstruktion nach Fig. 1 aus PM (Cusanus, Nicolaus [6], De mathematica perfectione, P. 3)

Es folgen wie bei Euklid[101] Axiome und dann die mathematischen Sätze und exemplarische Erläuterungen.

2.2.4.2 Einblick in die mathematische Kernaussage der mathematica perfectione

In der „Vollendung“ fokussiert Cusanus seinen Lösungsansatz auf Kreissegmente und nicht mehr auf vollständige Kreis- oder Polygonflächen.

Auch hier führt er wieder seine Begriffsbildung prim, secund und sagitta ein. Natürlich ist in der Skizze die Gleichwertigkeit des Ansatzes mit dem

99 Nikolaus von Kues [5], Die mathematischen Schriften, 161, wobei aus der Inkommensurabilität natürlich nicht die Unlösbarkeit der Kreisquadratur folgt.

100 Nikolaus von Kues [5], Die mathematischen Schriften, 162.

101 Euklid [22], Elemente in fünfzehn Büchern.

Quadraturproblem einzusehen, handelt es sich doch bei der Strecke bc um die Halbseite eines eingeschriebenen Vierecks. Die mathematische Kernaussage des Cusaners basiert wieder auf einer Proportionalitätsaussage.

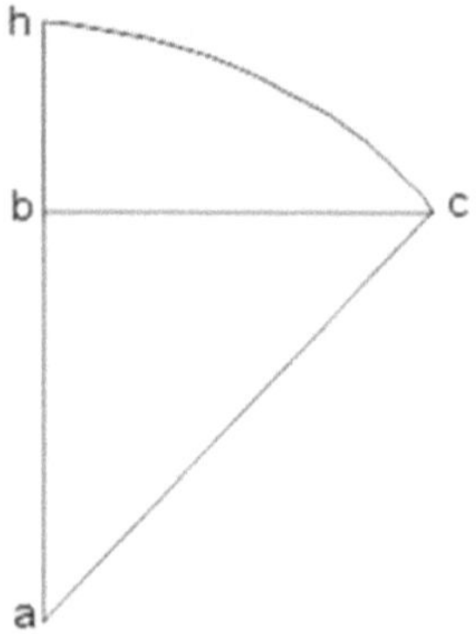

Abb. 8: Konstruktion nach De Mathematica Perfectione (Nicolai de Cusa, Opera Omnia, Band XX, Scripta Mathematica, 210)

Satz: „*Wenn die größte Seite eines rechtwinkligen Dreiecks als Erste genommen wird und als Halbmesser eines Kreises, und die kleinste Seite (des nämlichen Dreiecks) als Zweite und als Halbsehne, und die letzte Seite als Dritte, dann ist das Verhältnis des halben Bogens zur halben Sehne das gleiche wie das der dreifachen Ersten zur Summe aus der doppelten Ersten und der Dritten*“[102].

$$\boxed{\frac{\widehat{hc}(=\text{Halbbogen})}{\overline{bc}(=\text{Halbsehne})} = \frac{3ac}{2ac+ab}}$$

Die Beweisführung des Cusaners stützt sich wiederum auf seine Koinzidenzüberlegung. Was für das kleinste Dreieck (Öffnungswinkel bei a = 0) und das größte Dreieck (Öffnungswinkel bei a = 45°) gilt, das muss folglich auch für alle dazwischen liegenden Fälle Bestand haben. Die Vorstellung, dass eine im

102 Nikolaus von Kues [5], Die mathematischen Schriften, 162. Hier die lateinische Fassung: „*Si orthogonii latus quo non est maius ponitur linea prima et semidiameter circuli: et latus quo non est minus secunda liena et semicorda: et reliquum latus tertia linea: que erit semiarcus ad semicordam habitudo: illa erit linee equalis tribus primis lineis ad lineam equalem duabus primis cum tertia.*“ (Cusanus, Nicolaus [6], P. [5], De mathematica perfectione).

Grenzwert festgestellte Eigenschaft zur Kennzeichnung des Bildungsgesetzes der Zahlenfolge hinreichen könne, ist vom Standpunkt der neuzeitlichen infinitesimalen Methode betrachtet natürlich unzulässig und als Grundlage eines mathematischen Beweisverfahrens untauglich[103].

Dennoch ist die mathematische Intuition des Cusaners an dieser Stelle einfach genial. Ich verdeutliche dies nicht mit den einzelnen Schritten und Schlussfolgerungen der Arbeit, sondern an einer Skizze, die vom Mathematiker Huygens (1629–1695) etwa 200 Jahre später stammt[104].

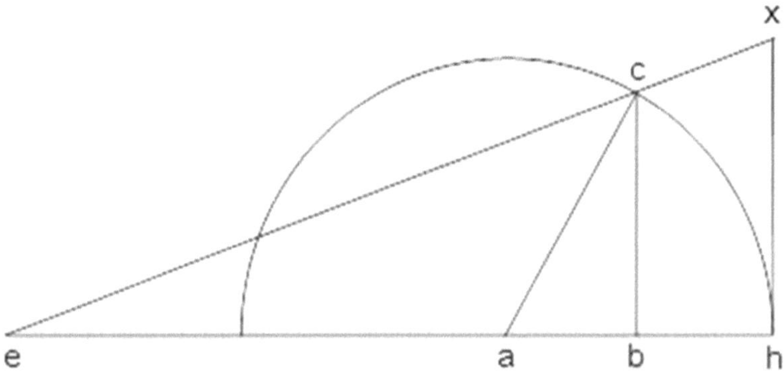

Abb. 9: Konstruktion zur Näherung des Kreisbogens (nach Nikolaus von Kues [5], Die mathematischen Schriften, 249)

Die Konstruktion: Ist abc das Ausgangsdreieck, so wird die Grundseite ah um das 2-fache verlängert. Also ae=2·ac. Das Dreieck wird ergänzt wie skizziert. Nun ist nach den Strahlensätzen $\frac{xh}{3ah} = \frac{bc}{2ah + ab}$ und da ah=ac und xh den Kreisbogen ch approximiert, erhalten wir die gewünschte Beziehung, die älteste Näherungskonstruktion für die Rektifikation eines Kreisbogens.

Wenn wir mit heutiger trigonometrischer Schreibweise den Sachverhalt sehen und den Bogen mit y im Bogenmaß bezeichnen, so haben wir die Behauptung:

$$\boxed{\frac{y}{\sin y} \approx \frac{3}{2 + \cos y} \Leftrightarrow y \approx \frac{3 \cdot \sin y}{2 + \cos y}}$$

Formel 8

103 M. Böhlandt [11], Wege ins Unendliche, 112.

104 J. E. Hofmann/R. Haubst [32], Über eine bisher unbekannte Vorform, 54.

in der Tat für kleine Winkel y eine äußerst gute[105] Annäherung[106].

Wenn wir beispielsweise y im 96-Eck berechnen, d.h. die Gleichungen mit dem eingeschlossenen Winkel α auflösen,

$$\alpha = \frac{180°}{96}; \pi \approx 96 \cdot y = \frac{3 \cdot \sin 1°52'30}{2 + \cos 1°52'30} \approx 3{,}141592652338$$

Formel 9

einen bereits auf 7 Stellen genauen Wert.

Diese mathematische Leistung, auch wenn die Schlussfolgerung nicht zwingend ist, ist auch mathematisch hoch beachtlich und kann dem Cusaner auch heute, 550 Jahre später, nicht abgesprochen werden.

2.3 Das neuzeitliche Verständnis vom Wesen der Mathematik

Wie sieht nun der Cusaner die Mathematik selbst, die mathematischen Objekte? Wenn Mathematiker und Philosophen zusammenkommen, entfacht sich an der Frage nach dem Verhältnis zwischen Philosophie und Mathematik sehr schnell eine Kontroverse etwa der folgenden Art[107].

Die Mathematik, so sagen die einen, hat sich als Teilgebiet aus der Philosophie herausgelöst und verselbständigt. Sie muss als reine Hilfswissenschaft der Philosophie und Theologie unter- und nachgeordnet sein. Die Mathematiker mögen ihre Dreiecke und Winkel zählen und messen, ansonsten verstehen sie nichts von der Welt. Um Erkenntnis zu erreichen und das Sein zu denken, müssen wir mathematische Kategorien übersteigen und nur durch diesen Überstieg stoßen wir schrittweise in den Bereich der Erkenntnis vor.

105 Müller hat die Güte des cusanische Verfahrens herausgearbeitet und numerisch belegt (T. Müller [47], Perspektivität, 70f).

106 FESI: Mathematisch funktioniert die Annäherung auch deshalb so gut, weil die Cusanische Formel für kleine Winkel so gut mit der Reihenentwicklung (Taylorreihe) übereinstimmt.

107 FESI: Falls sich ein Mathematiker auf eine solche Fragestellung überhaupt einlässt. So geben R. Courant und H. Robbins in [18], Was ist Mathematik?, XXII, die verblüffende Antwort, dass man nicht über Mathematik philosophieren, sondern sich mit ihr beschäftigen soll.

Für diese Sicht lassen sich genügend viele Argumente und Fundstellen bei Nikolaus von Kues finden[108], bis hin zu seiner letzten mathematischen Schrift von 1459, in der er am Schluss die Unterordnung der mathematischen Problemstellung unter das menschliche Streben nach Erkenntnis betont: „*Um den drei-einigen Urgrund und um das Ausströmen der Dinge aus ihm wird die höchste Spekulation des Weisen verweilen*“[109].

Die Vertreter der Gegenposition, meist Mathematiker, betonen, dass die Mathematik als eines ihrer Teilgebiete die Logik auf eine moderne wissenschaftliche Basis gestellt hat und über die aristotelischen engen Grenzen hinaus gedacht hat. Insofern ist jedes philosophische Gedankengebäude – zumindest eines mit dem Anspruch einer gewissen Schlüssigkeit und wissenschaftlichen Begrifflichkeit – ein Spezialfall eines formalen mathematischen Systems und sie verweisen auf moderne Philosophen. Nikolaus von Kues war einer der ersten – so führen diese Vertreter ihre Position weiter aus – der um die Bedeutung der Mathematik wusste und dieser einen eigenen Denk- und Lösungsraum zugewiesen hat. Auch hier lassen sich Fundstellen beim Cusaner anführen.

So sagt der Cusaner z. B. in seinen „Complementum theologicum – Theologischen Ergänzungen“ im Jahre 1453:

> „*Ich werde also versuchen, die theologischen ‚Gehalte jenes Büchleins‘* [gemeint ist die Schrift ‚De complementa mathematicis‘; Anm. d. V.] *herauszuarbeiten, auf daß wir – soweit es Gott uns verleihen wird – mit geistigem Blick einsehen, daß und wie im Spiegel der Mathematik jenes Wahre, daß in allem Wißbaren gefragt wird, nicht nur in entfernter Ähnlichkeit widerstrahlt, sondern gleichsam in strahlender Nähe.*“

Und weiter dort:

> „*Niemand kann davon absehen, daß in der Mathematik die Wahrheit genauer erreicht wird als in allen anderen freien Künsten. So sehen wir, daß auch jene, welche sich mit der Geometrie beschäftigen, ihr gleichsam in*

108 Nikolaus von Kues [5], Die mathematischen Schriften, X.

109 Nikolaus von Kues [5], Die mathematischen Schriften, Aurea proposito in mathematicis.

bewundernder Liebe anhangen, als sei dort eine bestimmte Nahrung des geistigen Lebens reiner und einfacher enthalten“ [110].

Eine solche Kontroverse ist jedoch nicht zielführend und wird insbesondere dem Nikolaus von Kues nicht gerecht. Die Einordnung und Würdigung seines Denkens in punkto Mathematik sollte m. E. insbesondere nicht so sehr in Kategorien wie „hierarchischer Über-/Unterordnung“ oder in Wertungen des „erkenntnistheoretischen Beitrags“ erfolgen, sondern vielmehr in ein vernetztes, sich gegenseitig inspirierendes und ganzheitliches Verständnis gestellt werden.

Natürlich ist es so, dass es dem Cusaner um Gottessuche geht, um Verständnis des Absoluten, des Nichtanderen, des Unendlichen. Auch ist es so, dass er dem scholastischen Denken einen sehr diesseitigen, an den Menschen in ihrer Wirklichkeit auf den Plätzen und Gassen ausgerichteten humanistischen Denkrahmen entgegengesetzt hat[111] und insofern die Lösung mathematischer Probleme bei ihm nicht Selbstzweck und primäres Ziel seiner Denkanstrengungen war. Dennoch hatte die Mathematik bei ihm einen besonderen Stellenwert, wie z. B. die obige Fundstelle belegt, wie aber auch in vielen anderen Schriften von ihm deutlich wird.

Aber die wichtige Denkleistung besteht in einem anderen Punkt. Während der Cusaner in seinen früheren Schriften noch der scholastischen Tradition verhaftet war, insbesondere den mathematischen Aussagen eine unbestreitbare Sicherheit (certitudo incorruptibilis)[112] zumaß, brach er in seinem Spätwerk revolutionär mit dieser Sichtweise und gilt bei einigen Cusanus-Experten als erster Denker, der Türen zur Neuzeit aufgestoßen hat oder zumindest neue Fundamente, auch im naturwissenschaftlichen Denken gelegt hat. Einige Autoren[113] haben darauf hingewiesen. Ich will es kurz zu skizzieren versuchen.

110 Nikolaus von Kues [4], De theologicis complementis, 1453, Kap. 1, 2, nach Übersetzung von Dupré, Bd. 3, 651f.

111 FESI: Zumindest wenn ich auf meine noch sehr bescheidene Kenntnis seines Werkes und Wirkens vertrauen darf.

112 Nikolaus von Kues [3], Philosophisch-Theologische Werke, „De docta ignorantia – Die belehrte Unwissenheit“; hier Kapitel 11: Die Leistung der Mathematik beim Erfassen der innergöttlichen Relationen, S. 45: *„Da uns zu den göttlichen Dingen nur der Zugang durch Symbole als Weg offen steht, so ist es recht passend, wenn wir uns wegen ihrer unverrückbaren Sicherheit (incorrubtibilem certitudinem) mathematischer Symbole bedienen.“*

113 Vgl. z. B. H. Schwaetzer [66], Die intellektuelle Anschauung, 248–250.

Der Realismus des Aristoteles erkennt in der Mathematik Abstraktionen der realen Wirklichkeit, die mehr oder weniger gut gelingen. Es gibt in der realen Natur kein wirklich rundes Ding. Immer werden wir bei geeigneter und genauer Betrachtung Abweichungen vom perfekten Kreis und Unebenheiten wahrnehmen. Dennoch hilft die Abstraktion, die Vielheit der Dinge zu begreifen, zu ordnen, Erkenntnis und Handlungsoptionen zu gewinnen – ich kann mir z. B. statische Überlegungen machen, um einen kreisrunden Turm zu bauen.

Die platonische Sicht hingegen führt die Realität und die mathematischen Objekte auf außerhalb des Menschen existierende, vollkommene mathematische Formen zurück. Mathematik hat ihren Ursprung in einer perfekten Ideenwelt und wir Menschen schauen diese göttlichen und unvergänglichen mathematischen Wahrheiten mehr oder weniger erfolgreich je nach Anstrengung, mehr oder weniger genau je nach Stand des mathematischen Wissens.

Der Mathematiker findet nach dieser Vorstellung Zusammenhänge, die in einer Identität der geordneten Natur und der mathematischen Ordnung als Ausdruck und Verwirklichung der mathematischen Ideen unabhängig von ihm bestehen, wir erkennen eine Anknüpfung an das pythagoreische Weltbild[114].

Nikolaus setzt seine eigene Grundauffassung dagegen und lehnt beide Positionen ab. Es ist der menschliche Geist, der die Gegenstände der Mathematik, Zahlen, geometrische Figuren, Konstrukte usw. schafft. Er verlegt die Mathematik aus dem Bereich des Natürlichen vollständig in den Bereich des Kreatürlichen, aber auch aus dem Bereich des Gottbezogenen und Wirklichkeitsbasierten in den Bereich der Willkür.

Das Hervorbringen mathematischer Objekte durch den menschlichen Geist steht dabei in Analogie zum göttlichen Schöpfungsakt der natürlichen

114 FESI: Die Grundfragestellung ist die Folgende: „Wird die Mathematik gefunden oder erfunden?" Verhält es sich mit mathematischen Erkenntnissen etwa so wie bei der Entdeckung Amerikas – Amerika war da und war auch vor der Entdeckung durch Kolumbus oder durch die Wikinger oder wen auch immer schon da. Oder werden mathematische Konstrukte und Strukturen vom menschlichen Geist erfunden wie eine Raumsonde. Wie modern diese Fragestellung nach wie vor ist zeigen unzählige Bücher zu diesem Thema, z. B. M. Livio [42], Ist Gott ein Mathematiker? oder J. D. Barrow [7], Ein Himmel voller Zahlen. Livio führt zur Wichtigkeit dieser Fragestellung aus: *„Wenn Sie glauben, es sei nicht so wichtig zu verstehen, ob die Mathematik erfunden oder entdeckt wird, dann überlegen Sie einmal, wie ideologisch befrachtet die Unterscheidung in Erfindung und Entdeckung bei einer anderen Frage ist: Ist Gott eine Entdeckung oder eine Erfindung? Oder, noch provokanter: Hat Gott den Menschen nach seinem Bilde geschaffen? Oder haben die Menschen sich einen Gott nach ihrem Bild geschaffen?"* (Livio [42], Ist Gott ein Mathematiker? 24).

Objekte des Kosmos[115]. Cusanus spricht dem Menschen in De beryllo damit eine Teilhabe an der Schöpfung, das Attribut eines deus secundus zu[116].

Ich möchte daher aus seiner Schrift De beryllo[117], einige Passagen zitieren, die wohl zu den wichtigsten seines Werkes gehören, weil er hier mit der Scholastik auch in den Naturwissenschaften bricht.

> „*Du magst auch wissen, daß ich noch einen anderen Mangel bei den Erforschern der Wahrheit gefunden habe wie ich glaube. ... Denn wenn er* [Plato, Anm. d. V.] *das in Betracht gezogen hätte, hätte er durchaus gefunden, daß unser Geist, der die mathematischen Dinge herstellt, das, was zu seinem Tätigkeitsbereich gehört, wahrer bei sich hat, als es außerhalb seiner ist. ... Und wenn die Pathagoreer und all die anderen so überlegt hätten, hätten sie klar gesehen, daß die mathematischen Dinge und die Zahlen, die aus unserem Geist hervorgehen und in der Weise sind, in der wir begreifen, keine Substanzen oder Ursprünge der sinnfälligen Dinge sind, sondern nur der Seienden des Verstandes, deren (Substanzen) Schöpfer wir sind.*"

Also: Hier ist Schluss mit der scholastischen Einengung, mit der klaren Abgrenzung zwischen Arithmetik und Geometrie, mit der Vorstellung, dass eine objektive Wirklichkeit oder eine harmonische Ideenwelt uns einengt in unseren mathematischen Theorien oder Konstrukten.

Wir sind selbst Schöpfer, sind frei, Grenzen zu überschreiten, sind frei, das Neue, das Unendliche zu denken, sind nicht beschränkt auf unsere Erfahrungen und Konventionen, sind auch nicht begrenzt durch eine göttliche Vorgabe.

Wie modern die vom Cusaner aufgeworfene Problemstellung auch für die heutige Positionierung der Mathematik ist, zeigt die – platonisch geprägte – Sichtweise des englischen Mathematikers Roger Penrose[118], einer heutigen Kapazität in der Mathematik.

Der Gedanke, dass die Mathematischen Objekte Erfindungen des menschlichen Geistes sind, lässt sich in vielen Werken des NvK belegen und die ein-

115 M. Böhlandt [11], Wege ins Unendliche, 27.

116 Nikolaus von Kues [3], Philosophisch-Theologische Werke, Bd. 3, De Beryllo, Kap. 6, 8f.

117 Nikolaus von Kues [3], Philosophisch-Theologische Werke, Bd. 3, De Beryllo, Kapitel 33.

118 Vgl. R. Penrose: Mathematics, the mind and the physical world; in Polkinghorne [55], Meaning in Mathematics. Dabei sind der gesamte Band für unsere Fragestellung zum Verhältnis von Mathematik, Geist und Welt äußerst lesenswert – allerdings aus neuzeitlicher Perspektive.

schlägigen Textstellen[119] wurden in der Cusanusforschung vielfach fundiert besprochen, wenn es darum geht, dass der Mensch als Abbild Gottes aber auch in Verähnelung und Annäherung des göttlichen schöpferischen Wirkens sozusagen als viva et intellectualis dei imago, als „zweiter Gott“ die mathematischen Konstrukte schafft[120].

Auch in seiner Spätschrift „Vom Globusspiel“ – wir kommen darauf noch zu sprechen – bezieht NvK eine klare Position:

> „*Sie* [die ‚anima rationalis‘; Anm. d. V.] *erfindet die Wissenschaften, nämlich Arithmetik, Geometrie, Musik und Astronomie, und erfährt, daß sie in ihrer Kraft und Fähigkeit eingefaltet sind. Jene Wissenschaften sind nämlich vom Menschen erfunden und entfaltet. Und da sie unvergänglich sind und immer in derselben Weise bleiben, sieht die Seele in der Tat, daß sie selbst unzerstörbar ist und auch immer in derselben Weise wahrhaft dauert. Denn diese mathematischen Wissenschaften sind nur in ihr und in ihrer Kraft zusammengefaltet und durch ihre Kraft entfaltet, und zwar so sehr, daß sie, würde die verständige Seele nicht existieren, in keiner Weise sein könnten.*
>
> *Daher werden auch die zehn Kategorien in ihrer begrifflichen Kraft zusammengeschlossen. Ebenso die fünf Universalien, der ganze Bereich des Logischen, und was sonst noch zu einem vollständigen Begreifen notwendig ist, sei es, daß es außerhalb des Geistes Sein besitzt oder nicht, da ohne sie die Unterscheidung und das Begreifen von der Seele nicht in vollkommener Weise vollzogen werden kann*“[121].

119 So z. B. NvK [0], Opera, De venatione sapientiae, n. 107; de conjecturis, n. 150; Trialogus de possest, n. 43.

120 So z. B. T. Müller [46], Möndchenquadratur, 54; F. Nagel [51], Nicolaus Cusanus und die Entstehung der exakten Wissenschaften, 57–61; A. Eisenkopf [21], Zahl und Erkenntnis bei Nikolaus von Kues, 17–20; M. Böhlandt,[12], Verborgene Zahl, 87f.

121 NvK [0], Opera, De ludo globi, 93:
„Et invenit disciplinas, scilicet arithmetricam, geometricam, musicalem et astronomicam, et illas in sua virtute complicari experitur. Sunt enim illae disciplinae per homines inventae et explicatae. Et cum sint incorruptibiles et semper eodem modo manentes, et vere videt anima se ipsam incorruptibilem, semper vere permanentem, quoniam non sunt illae mathematicae disciplinae nisi in ea et in eius virtute complicatae et per eius virtutem explicatae adeo quod ipsa anima rationali non exsistente illae | nequaquam esse possent. Unde et decem praedicamenta in eius vi notionali complicantur. Similiter et quinque universalia et quaeque logicalia et alia ad perfectam notionem necessaria, sive illa habeant esse extra mentem sive non, quando sine ipsis non potest discretio et notio perfecte per animam haberi.“

Lassen wir Cusanus nochmals selbst zu Wort kommen, und zwar in seiner Schrift über den Geist:

> ***„Laie:*** *Du weißt, Rhetor, daß wir aus der Kraft des Geistes die mathematischen Figuren hervorbringen. Wollte ich die Dreieckigkeit sichtbar machen, so würde ich eine Figur bilden, in der ich drei Winkel anbringe, damit in der Figur, die sich so verhält und so gestaltet ist, die Dreieckigkeit widerstrahlt; mit ihr ist das Wort verbunden, das als «Dreieck» festgesetzt ist.*
>
> *Ich sage also: Wenn «Dreieck» die genaue Wortbezeichnung der dreieckigen Figur ist, dann weiß ich die genauen Bezeichnungen aller Vielecke. Dann weiß ich nämlich, daß die Bezeichnung der viereckigen Figur Viereck sein muss, die der fünfeckigen Fünfeck, usw. Aus der Kenntnis des einzigen Namen kenne ich die benannte Figur und alle benennbaren Vielecke; ihre Unterscheidungen und Übereinstimmungen, und alles, was sich sonst darüber wissen lässt.*
>
> *Gleicherweise sage ich: wüsste ich den genauen Namen eines einzigen Werkes Gottes, dann wären mir alle Namen aller Werke Gottes und was immer gewusst werden kann, nicht mehr unbekannt. Weil das Wort Gottes die Genauigkeit jedes nennbaren Namens ist, steht fest, daß nur in diesem Wort alles und jedes gewusst werden kann“*[122].

Auch in dieser Textpassage wird die Rolle der Mathematik und ihrer Denkobjekte als Produkte der Menschen im Denken des Cusaners deutlich. Gleichermaßen wird die Bedeutung der mathematischen Objekte als Zeichen, als Symbole, als Namen, die in Richtung auf eine höhere Erkenntnis hindeuten, belegt. Und da sind wir beim nächsten Abschnitt.

122 NvK [0], Opera, Idiota, de mente, Z. 70:
„Idiota: Tu nosti, orator, quomodo nos exserimus ex vi mentis mathematicales figuras. Unde dum triangularitatem visibilem facere voluero, figuram facio, in qua tres angulos constituo, ut tunc in figura sic habituata et proportionata triangularitas reluceat, cum qua unitum est vocabulum, quod ponatur esse ‚trigonus'. Dico igitur: Si ‚trigonus' est praecisum vocabulum figurae triangularis, tunc scio praecisa vocabula omnium polygoniarum. Scio enim tunc, quod figurae quadrangularis vocabulum esse debet ‚tetragonus' et quin-quangularis ‚pentagonus' et ita deinceps. Et ex notitia nominis unius cognosco figuram nominatam et omnes nominabiles polygonias et differentias et concordantias earundem et quidquid circa hoc sciri potest. Pariformiter aio, quod, si scirem praecisum nomen unius operis dei, omnia nomina omnium dei operum et quidquid sciri posset non ignorarem. Et cum verbum dei sit praecisio omnis nominis nominabilis, solum in verbo omnia et quodlibet sciri posse constat."

2.4 Mathematische Konstrukte als Aenigmata

Es ist auffallend, dass sehr viel über die Mathematik des Cusaners geschrieben wurde, nicht um des mathematischen Gehalts halber, sondern weil er mathematische Symbole – ganz im Sinne seiner Zeit – zur Erläuterung seiner theologischen und philosophischen Botschaften verwendet[123], wobei er die weit verbreitete Zahlenmystik des Mittelalters hinter sich lässt[124].

Hier wäre es nicht angemessen, eine tiefere mathematische Theorie hinter dem Symbolismus zu suchen. So sagt Nikolaus in seinem ersten großen philosophischen Hauptwerk „De docta ignorantia“:

> *„Nach den bisherigen Ausführungen steht fest, daß das schlechthin Größte nicht zu den Gegenständen gehören kann, die wir wissen können und zu begreifen vermögen. Da wir uns deshalb vorgenommen haben, es auf dem Wege des Symbols aufzusuchen, müssen wir die einfache Form von Ähnlichkeit überspringen. Alles Mathematische ist endlich und läßt sich anders gar nicht vorstellen. Wenn wir deshalb für den Aufstieg zum schlechthin Größten das Endliche als Beispiel verwenden wollen, so müssen wir zunächst die endlichen mathematischen Figuren mit ihren Eigenschaften und Verhältnissen betrachten …“*

Und weiter:

> *„Andere erfahrene Männer haben die hochgebenedeite Dreifaltigkeit mit einem Dreieck aus drei gleichen und rechten Winkeln verglichen. Da ein solches Dreieck, wie gezeigt werden soll, notwendig aus unendlichen Seiten besteht, so könnte man es unendliches Dreieck nennen. Auch diesem wollen wir folgen. Wieder andere haben … Gott als unendlichen Kreis bezeichnet. Diejenigen, welche … haben schließlich Gott gleichsam als unendliche Kugel betrachtet. Wir wollen nun zeigen, daß sie alle vom Größten die rechte Auffassung hatten und dasselbe sagen wollten“*[125].

123 W. Breidert [14], Mathematik und symbolische Erkenntnis bei Nikolaus von Kues, 119–126. „Für Nikolaus von Kues ist das Ziel aller wissenschaftlichen Bemühungen die Gotteserkenntnis und die Mathematik nur eine, wenn auch nicht die geringste, Dienerin der Theologie“ (ebenda, 119).

124 K. Yamuki [73], Die Bedeutung geometrischer Symbole, 299.

125 Nikolaus von Kues [3], Philosophisch-Theologische Werke, Band 1, De docta Ignorantia, S. 45–47.

Abb. 10: Zusammfall von Gerade und Kreis mit unendlichem Durchmesser (nach De Docta ignorantia [3], 49)

Und dann führt der Cusaner aus, dass der Kreis und die unendliche Linie eines seien.

Der Durchmesser wird größer, die Krümmung des Kreises verringert sich und fällt schließlich zusammen mit dem am wenigsten gekrümmten, dem kleinsten, und der Mittelpunkt des Kreises ist nicht mehr bestimmbar, Kreis und Tangente fallen zusammen (Abb. 10). Theologisch ist hier schon der Widerspruch vom Mittelpunkt der Welt und der Auflösung der figürlichen Vorstellungswelt im göttlichen Unendlichen angelegt – ein Gedankengang, der spätere Denker zum Scheiterhaufen führte[126].

126 FESI: Dass in nachfolgenden Jahrhunderten der Cusaner gar als Vordenker des kopernikanischen Weltbildes gesehen wird, ist allerdings wohl zu weit gesprungen, wie bereits Nagel herausgearbeitet hat (F. Nagel [52], Nicolaus Cusanus in der Sicht Alexander von Humboldts, 254f). Wenn Alexander von Humboldt z. B. in seinem Kosmos darauf hinweist, dass der Cardinal von „Cusa sich die Erde nicht um die Sonne, sondern mit dieser zugleich, aber langsamer, um die immerfort wechselnden Pole der Welt bewegt dachte" (A. Humboldt, Kosmos [36], 359), so ver-

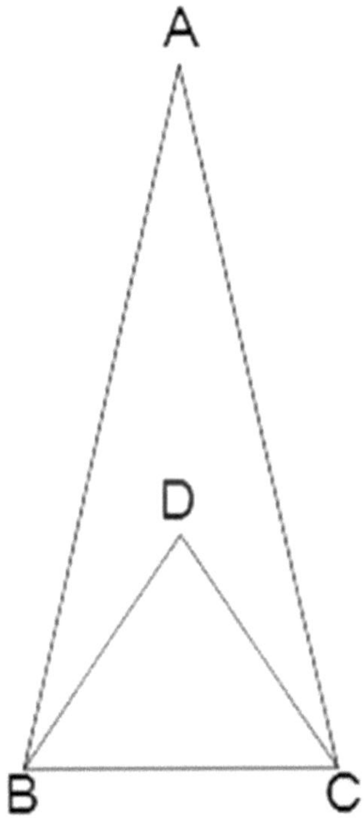

Abb. 11: Zusammenfall von Linie und Dreieck (nach De Docta ignorantia [3], 55)

Und später in Kapitel 14 der docta ignorantia:

kennt er, dass ein theologisches Bild eben nicht interpretiert werden darf als Weltbild im naturphilosophischen oder gar naturwissenschaftlichen Sinne heutiger Prägung. So heißt es gerade in der von Humboldt angesprochenen „De venatione sapientiae – Auf der Jagd nach Weisheit" in Kap. 28: „*Sie* [die göttliche Weisheit] *hat der Erde ihren Platz in der Mitte angewiesen, hat ihr ihre Schwere und Bewegung zum Mittelpunkt der Welt als umgrenzende Bestimmung gegeben, damit sie so immer in der Mitte feststehe und weder nach oben noch nach der Seite abweiche.*" [Divinam sapientiam] Posuit terram in medio, quam gravem esse et ad centrum mundi moveri determinavit, at sic semper in medio subsisteret et neque sursum neque lateraliter declinaret (Nikolaus von Kues [3], De venatione sapientiae, Kap. 28). Der Cusaner steht in naturphilosophischer Hinsicht also fest auf dem Boden des ptolemäischen Weltbildes (S. Schneider [64], Cusanus als Wegbereiter, 188). Dennoch ist die gedankliche Modernität hinsichtlich der Betonung der menschlichen Individualität, des Vorrangs der Vernunft vor der biblischen Überlieferung und der Vorstellung eines unendlichen Kosmos, der seinen Mittelpunkt überall und nirgends hat, bei Cusanus bemerkenswert (A. Gierer [28], Eriugena, Al-Kindi – Nikolaus von Kues, 43–47). Ähnlich auch U. Hoyer, [35], Die Stellung des Nikolaus von Kues, 41f.

„Da es ja nur einen unendlichen Winkel gibt, ist jener drei Winkel, und die drei Winkel sind einer. Dieses größte Dreieck setzt sich nicht aus Seiten und Winkeln zusammen, vielmehr ist die unendliche Linie und der unendliche Winkel ein und dasselbe, so daß die Linie Winkel ist weil das Dreieck Linie ist. Für die Einsicht in diesen Sachverhalt kannst Du ferner zu deiner Unterstützung vom quantitativ bestimmten Dreieck aufsteigen zum quantitativ nicht bestimmten. Daß jedes quantitativ bestimmte Dreieck drei Winkel besitzt, die zwei rechten gleich sind, ist bekannt. Je größer also ein Winkel ist, desto kleiner sind die anderen. Gemäß unserem ersten Grundsatz kann jeder der drei Winkel wachsen bis an die Grenze von zwei rechten, aber nicht bis zur vollen Erfüllung. Nehmen wir aber an, er wachse bis zur vollen Gleichheit mit zwei rechten und das Dreieck bleibe doch dabei bestehen, dann ist klar, dass das Dreieck nur einen Winkel hat, der drei ist und die drei sind einer“ (Abb. 11).

Das Dreieck als Symbol der Dreifaltigkeit darf hier nicht quantitativ als mathematisches Objekt gedacht werden. Eine mathematische Auflösung im Sinne einer sphärischen Geometrie beispielsweise geht völlig am Thema vorbei. Dem Cusaner geht es um anderes und das Dreieck oder der unendliche Kreis dienen ihm ausschließlich als Gleichnis, als Aenigma für seine Botschaft der unendlichen göttlichen Einheit. Formalunterscheidungen von Vater, Sohn und Heiligem Geist sind lediglich Emanationen im Bereich des rationalbegrenzenden Denkens[127].

Was für die Dreifaltigkeit gilt, gilt auch für die göttliche Dreiursächlichkeit[128], die das Verhältnis von Gott und der Welt bestimmten und symbolgeometrisch durch den Kreis imaginiert wird. Der Kreismittelpunkt entspricht dabei der Wirkursache (causa efficiens), durch die der Schöpfergott alles Sein verleiht und darin das Prinzip von allem ist. Der Durchmesser des Kreises versinnbildlicht die göttliche Formalursache (causa formalis).

Der Weltenherrscher durchdringt transzendent die Gesamtheit der Schöpfung. Der Kreisumfang schließlich symbolisiert die Finalursache (causa finalis) als Erlösergott, der außerhalb des Seins uns durch seine Gna-

127 M. Böhlandt [11], Wege ins Unendliche, 33.

128 Den Zusammenfall von Wirk-, Form- und Zielursächlichkeit in Gott und die Verdeutlichung dieser Lehre über das geometrische Symbol übernahm Cusanus vermutlich von Heymeric. Vgl. E. Meuthen [44], Nikolaus von Kues, 27. Vgl. auch J. Hirschberger [30], Das Prinzip der Inkommensurabilität, 53f.

de erlöst, so wie der Kreisumfang Kreisfläche, -mittelpunkt und -durchmesser umschließt.

Der trinitarische Gedankenansatz bei Nikolaus von Kues läßt sich in vielen weiteren Schriften nachvollziehen – wie z. B. der Einheit von Papst, Bischöfen und Gläubigen oder in seiner Naturphilosophie in der Unterscheidung und Dreiheit der empirischen Erfahrungswelt (sensus), des Verstandes (ratio) und der Vernunft (intellectus), aber da sind wir schon bei seiner Philosophie.

Bevor wir darauf zu sprechen kommen, noch ein ganz kurzer Blick auf die symbolische Mathematik beim Cusaner, für weitergehende Ausführungen wird auf die Literatur verwiesen[129].

Es ist ein Beispiel aus dem Werk des Cusanus mit dem Titel „De coniecturis – Über die Mutmaßungen" (ungefähr 1442 verfasst)[130].

> *IV. Das symbolische Urbild der Dinge ist die Zahl*
>
> *Der natürlich keimende Ursprung der Verstandestätigkeit ist die Zahl; Wesen, denen der Geist fehlt – wie den Tieren –, zählen nicht. Die Zahl ist nichts anderes als der entfaltete Verstand. Damit ist zugleich bewiesen, daß die Zahl der Ursprung der Dinge ist, die durch den Verstand erfasst werden. […]*
>
> *Jede Zahl ist aus Gegensätzen, die sich voneinander unterscheiden und zueinander in einem Verhältnis stehen, so zusammengesetzt, daß diese die Zahl selbst sind. Die gerade Zahl steht zur ungeraden im Gegensatz, und jede Zahl, ob gerade oder ungerade, besteht aus gerader und ungerader Zahl, das heißt aus sich selbst. Der Vierer ist aus dem ungeraden Dreier und dem geraden Vierer zusammengesetzt. Daß er aus zwei mal zwei zu bestehen scheint, ist nicht auf die Wesenheit, sondern auf die Quantität des Vierers zurückzuführen. […]*
>
> *V. Das natürliche Fortschreiten*
>
> *Die Natur der Zahl zu betrachten, ist dir umso nützlicher, je gründlicher du dich bemühst, in ihrer Ähnlichkeit das Übrige zu erforschen. Beschäftige dich zuerst mit ihrem Fortschreiten; du wirst finden, daß es sich im Vie-*

129 Z. B. F. Hoffmann [31], Nominalistische Vorläufer für die Erkenntnisproblematik. Oder auch C. D'Amico [20], Die Rolle der geometrischen Figur, insbesondere 277f.

130 Nikolaus von Kues [4], Die philosophisch-theologischen Schriften, Bd. 2, De coniecturis, IV, 10–14.

rer erschöpft, 1 nämlich, 2, 3 und 4 miteinander verbunden, bilden den Zehner, der das natürliche Vermögen der einfachen Einheit entfaltet. Von ebendemselben Zehner, der die zweite Einheit ist, kommen wir in gleichem vierfachen Fortschritt zur quadratischen Entfaltung der Wurzel; 10, 20, 30 und 40 zusammen sind 100, das Quadrat von 10. Diese Einheit von 100 wird auf gleichem Weg zum Tausender. 100, 200, 300 und 400 sind zusammen 1000. Auf diesem Weg kann man nicht so weiter fortschreiten, als ob noch etwas übrig bliebe.

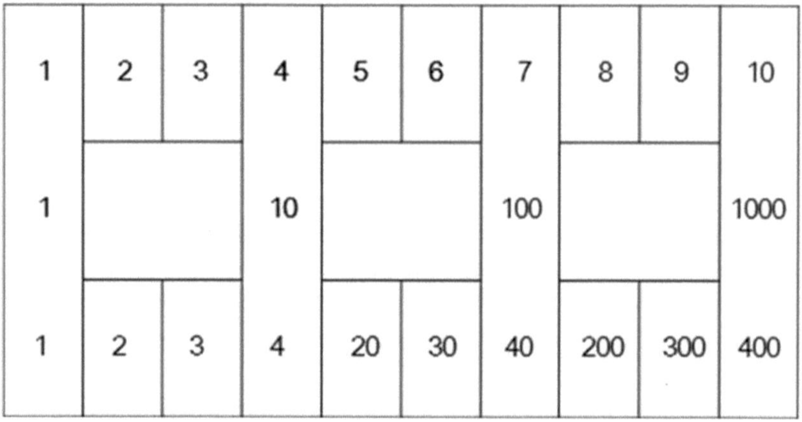

Abb. 12: Natürliches Fortschreiten (nach De Coniecturis [3], 15)

Unverkennbar der Bezug zur pythagoräischen Symbolik – noch ist Nikolaus in dem engen Denken der mathematischen Symbolik verfangen und entwirft selbst ein einfaches, zahlenbasiertes symbolisches Weltbild (vgl. Abb.12)[131].

131 Nikolaus von Kues [3], Philosophisch-Theologische Werke, Bd. 2, Anlage zu De coniecturis.

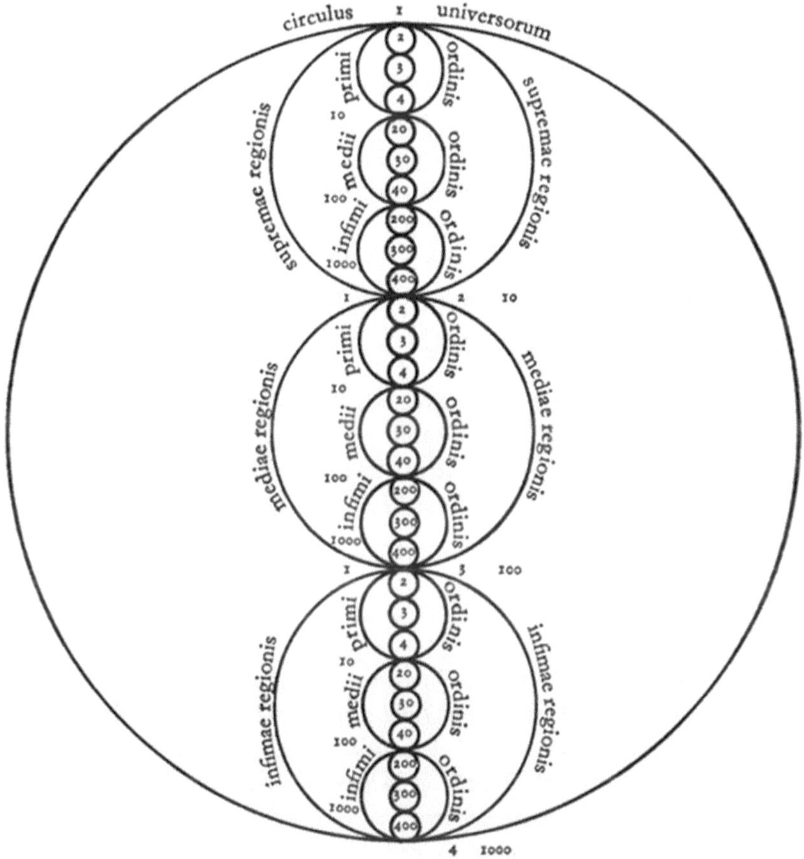

Abb. 13: Symbolische Weltbild (nach De Coniecturis [3], Figur U, Figur P, Anlage)

Diskussionen, die hier versuchen, einen mathematischen Gehalt wie z. B. eine zahlentheoretische Entwicklung der natürlichen Zahlenmenge beim Cusaner auszumachen, halte ich für zu weit hergeholt. Es geht eben um Symbolik.

2.5 Die Mathematik als Vehikel im philosophischen Erkenntnisprozess

Neben dem trinitarischen Denken beim Cusaner ist ein weiteres wichtiges Prinzip seines Denkens[132] die Unterscheidung zwischen ratio – Verstand – und intellectus – Vernunft – im Erkenntnisstreben der Menschen. Unsere sinnliche Erfahrungswelt führt uns nicht zur (Gottes-)Erkenntnis. Wir müssen diese übersteigen. Aber auch mit der ratio kann die Welt nur unvollständig erklärt werden. Verstandeserkenntnis ist für Cusanus primär eine Erkenntnis durch Vergleichen[133]. So schreibt er in seiner Docta ignorantia:

> *„Über eine noch nicht gesicherte Erkenntnis urteilt jede Forschung dadurch, daß sie diese hinsichtlich ihres proportionalen Verhältnisses zu einer vorausgesetzten Gewissheit in vergleichenden Bezug bringt. Alles Forschen geschieht also durch Vergleichen. Es bedient sich des Mittels der Verhältnisbestimmung"*[134].

Und weiter ebenda:

> *„Alle Forschung besteht also im Setzen von Beziehungen und Vergleichen, mag dies einmal leichter, ein andermal schwerer sein. Das Unendliche als Unendliches ist deshalb unerkennbar, da es sich aller Vergleichbarkeit entzieht. Jede proportionale Beziehung bedeutet Übereinstimmung in einem Punkt und zugleich Verschiedenheit.*
>
> *Sie läßt sich deshalb ohne Zahlenverhältnis nicht denken. Die Zahl umschließt also alles, was zueinander in Beziehung gebracht werden kann."*

Das logisch-mathematische Denken ist das Vehikel im menschlichen Erkenntnisprozess auf der Ebene des Verstandes. Auf dieser Ebene gilt das Widerspruchsprinzip, der Satz vom ausgeschlossenen Dritten und weitere logische Folgerungen und Postulate. Durch verstandesmäßiges Erschließen im Er-

132 Eine Hinführung zur Rezeption und Tradition der Philosophie des NvK gibt übersichtlich der Sammelband Reinhardt, Klaus /Schwaetzer, Harald [58], Nikolaus von Kues in der Geschichte des Platonismus.

133 Vgl. J. Inthorn/M. Reder [37], Philosophie und Mathematik bei Cusanus, 6.

134 Nikolaus von Kues [3], Philosophisch-Theologische Werke, De Docta ignorantia, Bd. 1, 7f.

kenntnisprozess kann die Wahrheit besser angenähert, aber nicht erreicht werden, sondern wir sind begrenzt in unserem verstandesmäßigen Erschließen des Betrachtungsgegenstandes.

Durch den Einsatz der Vernunft – auf einer anderen Ebene – können wir das Wesen des Erkenntnisobjektes wiederum besser erkennen, aber auch nicht vollständig erfassen. *„Der Geist (intellectus) also, der nicht die Wahrheit ist, erfasst die Wahrheit niemals so genau, daß sie nicht ins Unendliche immer genauer erfasst werden könnte“*[135].

Das logisch-mathematische Denken ist sozusagen ein Bindeglied zwischen der sensitiven Erfahrungswelt auf der einen Seite und der intellektuellen Schau im Erkenntnisprozess auf der anderen Seite.

Dabei verlangt das Denken des NvK in einem doppelten gedanklichen „Überstieg“, eine mehrfache Abstraktion, ein mehrfaches „transcendere“. Diese für die Erkenntnisgewinnung so wichtige Denkmethode kann etwa wie folgt beschrieben werden[136].

Schritt 1:
Die mathematischen Konstrukte werden mit ihren Eigenschaften in ihrer Endlichkeit und in der Ratio verhafteten Begrenztheit untersucht und erforscht. Das verlangt Mühen und verschafft Erkenntnis, z. B. hinsichtlich der Eigenschaften der isoperimetrischen Vielecke im Verhältnis zu einer approximierten Kreisfläche. Eine Lösung im rationalen Denken ist jedoch nicht immer möglich, z. B. ist die Kreisquadratur nicht berechenbar.

Schritt 2:
Die gewonnen Erkenntnisse und Relationen werden auf gleichartige „unendliche“ Figuren vernünftig angewendet und übertragen. Die Kreisquadratur gelingt zwar nicht im Rationalen, jedoch im „transzedenten“ Raum des mathematischen intellektualen Mathematikgebäudes.

135 Nikolaus von Kues [3], Philosophisch-Theologische Werke, De Docta ignorantia, Bd. 1, 15.

136 Müller bearbeitet diesen „doppelten Überstieg als mystische Übung“ intensiver und gibt weitere Literaturhinweise (T. Müller [47], Perspektivität, 103–105). Nach seiner Meinung besteht das Verfahren allerdings aus vier Schritten und der erste Schritt besteht darin, dass der *„Cusanus seinen Leser (auffordert), einen alltäglichen Gegenstand aus der Welt anzuschauen und sich seiner bewusst zu werden.“* Im zweiten Schritt *„abstrahiert Cusanus diesen Gegenstand aus der Welt und erzeugt das Bild einer mathematischen Figur“* (ebda., 104).

Schritt3:
Die erarbeiteten Erkenntnisse werden dann ohne jede Figürlichkeit in ihrer Abstraktheit gedacht und in Richtung auf das „Unendliche", also Gott im Versuch der göttlichen Schau weiterentwickelt. Selbstverständlich gelingt das nur konjektural und aus nur einer – hier mathematisch durch Analoga entwickelten – Perspektive.

Die anstrengenden Auseinandersetzungen auf den drei Ebenen bedingen einander und führen uns approximativ zu mehr Wissen und Erkenntnis. Erreichbar ist die Wahrheit für uns Menschen jedoch nicht. Der neuplatonische Einfluss bei NvK ist unverkennbar. Nikolaus betont, dass wir uns vergegenwärtigen müssen, dass wir trotz allen Wissens Nichtwissende sind. So sagt er z. B. in seiner docta ignorantia: *„Je gründlicher wir in dieser Unwissenheit belehrt sind, desto näher kommen wir an die Wahrheit heran."*[137].

Für den Cusaner ist der Ausschöpfungsprozess des Kreises durch die unendlichen Vielecke, die mit immer höheren Eckenzahlen sich wie ein drehendes Mühlrad der Kreisfläche immer stärker annähern[138], geradezu ein Paradigma zum Aufstieg vom Rationalen, quantitativ fassbaren zum unendlichen Vieleck, dem Denkbaren und vernünftigerweise zu Glaubendem, und zum weiteren Aufstieg zum ewigen und vollendeten Kreis, der eben für uns Menschen nicht mehr mit letzter Gewissheit im Sinne einer absoluten Genauigkeit fassbar ist.

Wenn dem Nikolaus von Zeitgenossen manchmal vorgeworfen wurde, dass er mit seinem mathematischen Hokuspokus seiner Mathematico-Theologie[139] den Glauben vernachlässige, taten sie ihm unrecht. Gerade weil unsere logisch-mathematische Ratio begrenzt bleibt, muss der Mensch vernünftigerweise diesen Bereich überschreiten und darüber Hinausgehendes setzen und denken. Dabei ist der Cusaner sich der Grenzen der Mathematik bewusst. Die Mathematik ist eben nur eine von vielen Annäherungsmöglichkeiten, wenn auch eine mit ausgezeichneter Eignung.

137 Nikolaus von Kues [3], Philosophisch-Theologische Werke, De docta ignorantia, Bd. 1, 15.

138 FESI: Eigentlich nähern sich in der Vorstellung des Cusanus die Innen- und Außenkreisflächen der Mühlradfläche an, wie wir gesehen haben.

139 Zum Verhältnis von Mathematik und Theologie siehe besonders G. Nickel [54], Zur Möglichkeit mathematischer Theologie.

Ein weiteres für das Denken des Cusaners wichtiges Begriffspaar ist die complicatio – Einfaltung und explicatio – Ausfaltung[140].

Die Welt in ihrer Ausdifferenzierung ist aus dem Einen ausgefaltet. Die Unterscheidung der Dinge der Welt ist nicht mehr möglich im Urgrund. Gott wird zum Nichtanderen (Nonaliud). Umgekehrt ist jedes Einzelne das ausgefaltete Eine und trägt damit die Göttlichkeit in sich. Um diese Ausfaltung gedanklich zu fassen, ist die mathematische Ausfaltung eines mathematischen Gebäudes ein in Analogie anzuwendendes Denkwerkzeug.

Ein anderes Merkmal seines Denkens möchte ich sehen in der Beschäftigung mit der Unendlichkeit. So sagt er in der docta ignorantia:

> *„Da das schlechthin und absolut Größte, dem gegenüber es kein Größeres geben kann, zu groß ist, als daß es von uns begriffen werden könnte – ist es doch die unendliche Wahrheit –, so erreichen wir es nur in der Weise des Nichtergreifens“*[141].

Die Unendlichkeit – heute würden wir sagen, das Aktual Unendliche – ist für uns unerreichbar und nicht fassbar. Aber der Annäherungsprozess an die Unendlichkeit ist mathematisch möglich und den sollen wir versuchen. So schreibt Nikolaus in seiner Schrift „Trialogus de possest – Dreiergespräch über das Können-Ist“:

> *„Denn in der Mathematik wird das, was aus unserem Verstand hervorgeht und was wir uns selbst als seinen Ursprung innewohnend erfahren, von uns als unser bzw. unseres Verstandes Ding genau gewußt, nämlich in der dem Verstand entsprechenden Genauigkeit, aus der hervorgeht, so wie die wirklichen Dinge genau gewußt werden mit der göttlichen Genauigkeit, aus der sie im Sein hervorgehen“*[142].

Was in dieser appoximativen Erarbeitung der Erkenntnis dann als weiteres Prinzip in der cusanischen Philosophie hilft, ist sein „coincidentia oppositorum“. Gegensätze und Widersprüche, die wir in der Wirklichkeit (visio sensualita) oder in unserer Verstandeswelt (visio rationalis) nicht auflösen können, sind im Übergang zur Unendlichkeit – gemeint ist hier nicht der logisch-

140 K. Jaspers [38], Nikolaus Cusanus, 115f.

141 Nikolaus von Kues [3], Philosophisch-Theologische Werke, De docta ignoratia, Bd. 1, 17.

142 Nikolaus von Kues [3], Philosophisch-Theologische Werke, Bd. 3, Trialogus de possest, 51.

mathematische Grenzprozess, sondern das spekulative, deduktive Denken in Richtung des Absoluten – also aufgehoben.

Im Unendlichen fallen die unendliche Gerade, Tangente, der unendliche Kreis und der Mittelpunkt zusammen. Schauen wir, wie sich ein Sachverhalt in Extremsituationen darstellt, und wir erkennen das Wesen des Sachverhaltes, so würde ich vereinfachend das philosophische Prinzip auf die Naturwissenschaften übertragen.

In den mathematischen Schriften des Cusaners ist daher meines Erachtens nicht immer die wörtliche Übersetzung für bare Münze zu nehmen. Vielmehr ist aus dieser philosophischen Verankerung zu schließen, ob er z. B. die Kreisquadratur im Sinne der euklidischen Problemstellung oder im Sinne des infinitesimalen Erkenntnisprozesses denkt. Durch diese wenigen Hinweise soll angedeutet werden, wie wichtig die Mathematik als Vehikel im cusanischen Denken war.

2.6 Die weitere Geschichte der Kreisquadratur

Im Weiteren hat der Cusaner 1459 noch ein Traktat „Aurea propositio in mathematicis – ein goldener Satz in der Mathematik“ – geschrieben, allerdings ohne mathematisch Neues hinzuzufügen.

Im 16. und 17. Jahrhundert nahmen die Quadraturversuche einen ungeahnten Aufschwung und die Kreiszahl wurde immer genauer berechnet. Diejenigen, die von der Möglichkeit einer exakten Kreisquadratur überzeugt waren oder vermeintlich einen exakten Wert für die Kreiszahl gefunden zu haben glaubten, wurden immer wieder widerlegt, indem andere Mathematiker eine noch genauere Berechnung vorlegten.

Insbesondere ein Herr Ludolf van Ceulen war geradezu versessen auf eine Rekordjagd nach immer höherer Genauigkeit und schaffte es auf 20 Stellen. Die Kreiszahl wurde daher auch lange Zeit in der Mathematik als Ludolphsche Zahl bezeichnet.

Man möge heute über diesen Stellenehrgeiz lächeln, aber bitte, was ist die heutige Suche nach Primzahlzwillingen mit modernsten Computern denn anderes? Zudem trieben auch konkrete Anwendungsnotwendigkeiten in der Astronomie zu immer höherer Genauigkeit an.

Leibniz hat 1673 eine Reihenentwicklung für π – die Leibniz-Reihe[143] – gefunden, die aber für die konkrete Berechnung wegen der langsamen Konvergenz nicht geeignet ist.

$$\frac{\pi}{4} = 1 - \frac{1}{3} + \frac{1}{5} - \frac{1}{7} + \cdots - \cdots$$

Formel 10

Ebenso hat Newton weitere Näherungen über Reihenentwicklungen veröffentlicht. Der große Leonhard Euler hat mit seinen Arbeiten weiteren sehr großen Anteil an der Entmystifizierung der Kreiszahl und führte 1737 die uns heute geläufige Bezeichnung π ein. Auch war es Euler und nachfolgend weitere, u.a. der größte deutsche Mathematiker Gauß, die das Wesen von π mathematisch herausarbeiteten, zahlentheoretische und algebraische Zusammenhänge schufen, die Irrationalität von π bewiesen und die Unlösbarkeit des Quadraturproblems stichhaltig argumentierten, ohne jedoch einen vollständigen Beweis liefern zu können.

Erst im Jahre 1882 gelang dem Deutschen Ferdinand von Lindemann in München der Beweis, dass π eine transzendente Zahl, besser würden die Mathematiker sagen, eine nicht-algebraische Zahl[144] ist und er bewies damit, dass das Quadraturproblem, also die konstruktive Umwandlung einer Kreisfläche in ein flächengleiches Quadrat mit Zirkel und Lineal nicht möglich ist. Die deutschen Mathematiker Karl Weierstraß (1815–1897) und David Hilbert (1862–1943) vereinfachten die Beweise.

Die Rezeption des Cusanus in der Mathematik ist über die Jahrhunderte nie verloren gegangen[145]. So findet z. B. Abraham Gotthelf Kästner, der Doktorvater des Carl Freidrich Gauß, sehr anerkennende Worte für die mathematischen Leistungen des NvK[146], weit vor dem Aufschwung und der Wiederent-

143 G. Leibniz [41], De vera Proportione Circuli.

144 FESI: Algebraische Zahlen x sind darstellbar als Lösung einer Gleichung $a_n x^n + \ldots a_1 x + a_0 = 0$. Transzendente Zahlen erfüllen diese Bedingung nicht, sind also nicht-algebraische Zahlen. Diese haben also nichts „Transzendentes“ oder „Religiöses“ an sich.

145 FESI: Die Aufnahme des NvK in mathematik-geschichtlicher Darstellungen geht bis in die heutige Zeit, so wird z. B. im Band T. Sonar [69], 3000 Jahre Analysis – aus einer sehr illustrativen und umfangreichen mathematikgeschichtlichen Themenreihe des Springerverlages – auf S. 50 bis 54 in einem eigenen Abschnitt die mathematische Bedeutung des NvK gewürdigt. Ebenfalls gilt dies für H. Wußing [72], 6000 Jahre Mathematik, 295, aus derselben Reihe.

146 A. G. Kästner [39], Geschichte der Mathematik, 416.

deckung des Cusanus im philosophisch-theologischen Bereich, die mit den Namen Scharpff und Düx verbunden ist.

Dass der Cusaner dennoch als Mathematiker außerhalb der Mathematikgeschichte fast vergessen wurde und ins Abseits geriet, hat vielleicht damit zu tun, dass seinen Schriften die später verlangte deduktive Strenge fehlte oder weil bei ihm das nötige Handwerkzeug und damit die letzte mathematische Schärfe seiner Schlüsse nicht genügend entwickelt war. Jedenfalls war seine Akzeptanz in späteren Jahrhunderten nicht gegeben. Es mag auch sein, dass die Kritik des Regiomontanus[147] und anderer[148], die seine intuitive und neuartige mathematische Leistung nicht würdigen konnten, die Ursache dafür war, dass der Cusaner als Mathematiker immer zweitrangig[149] blieb. Seine Arbeiten haben keine klare Rezeptionslinie hervorgerufen. Leibniz beispielsweise hat sich an keiner Stelle direkt auf ihn berufen. Dennoch hat Cusanus als Teil einer lebendigen und produktiven Wissensgemeinschaft durch seine Quadraturversuche wesentliche Impulse für das neuzeitliche Denken gesetzt[150]. Er ist der Kreiszahl erheblich nahe gekommen und hat sicher Einfluss auf spätere Denker wie Galileo Galilei gehabt. Böhlandt jedenfalls würdigt die mathematischen Beiträge:

> *„Dabei sind es gerade die konkreten Konstruktionsvorschriften, Beweisverfahren und (wenn auch seltenen) Berechnungen, die zeigen, daß Nikolaus in der Mathematik zwar auch, aber eben nicht allein ein Vehikel zur Veranschaulichung der Grundsätze seiner philosophischen Theologie sah"*[151].

147 J. E. Hofmann [34], Über Regiomontanus und Buetons Stellungnahmezur Kreisquadratur, 131–133.

148 FESI: Aufgegriffen und immer wiederholt, z. B. von H. Hankel, Zur Geschichte der Mathematik im Altertum und Mittelalter, Hildesheim, 1985, 352, (zitiert nach M. Böhlandt [12], Verborgene Zahl, 188): *„Es muss traurig mit der Mathematik in dieser Epoche gestanden haben, wenn am Ende derselben der als Philosoph und Mathematiker hoch geachtete Cardinal Nicolaus Cusanus das Problem der Quadratur des Kreises durch Konstruktion lösen zu können meinte, welche er aber weder selbst ausführen, noch als richtig erweisen konnte. Er war als großer Logiker bekannt und so glaubte er auch hier in's Gelang faseln zu dürfen."*

149 A. G. Kästner [39], Geschichte der Mathematik, Bd. 1, 400–417, 477–481, gibt seine mathematische Darstellung wider und sagt dabei von ihm: *„Er schmeichelt also sich zu viel, wie dem Papste, wenn er darüber, über seine Konstruktionen mit Winkeln usw. sagt."* (ebda, 408) und weiter: *„Die Quadratur des Kreises scheint er mehrmahls vorgenommen zu haben, ohne genau zu prüfen, wie das, was er später glaubte gefunden zu haben, mit vorigen Erfindungen übereinstimmt. Dazu hätten Rechnungen gehört, die wo nicht seinen Einsichten, doch vielleicht seine Geduld überstiegen."* (ebda, 479).

150 M. Böhlandt, [11], Wege ins Unendliche 118–121, zur Würdigung des mathematischen Schaffens des Cusaners.

151 M. Böhlandt [12], Verborgene Zahl, 16.

3 Die Technik im Denken des Nikolaus von Kues

3.1 Affinität zur Technik bei Cusanus

NvK war ein sehr vielseitig interessierter Mensch, der eine auch im Alltagsleben verankerte Weltsicht entwickelte. Belegt ist sein naturwissenschaftliches Interesse, auch sein Interesse an technischen Geräten. So sind in der Hospitalsbibliothek neben astronomischen Werken auch astronomische Geräte aus seinem Besitz, ein Globus, ein Astrolabium und ein Torquetum erhalten. Möglicherweise hat er die Herstellung auch in Auftrag gegeben[152], sicher aber nicht im eigentlichen Sinne eines Naturwissenschaftlers, der mit technischen Vorstellungen einen Meister zur Umsetzung beauftragt.

Wir können in der Waageschrift[153] sehen, dass NvK ein guter Beobachter war und als Theoretiker in seinen Gedankenexperimenten für den Aufbau einer empirischen Naturwissenschaft plädiert, was sicher hoch zu bewerten ist[154]. Er war aber sicher kein praktischer Experimentator.

In der ganzen Schrift sind keine konkreten Experimente oder Verfahrensbeschreibungen gegeben, geschweige genügen die Ausführungen zum Versuchsaufbau modernen naturwissenschaftlichen Ansprüchen. F. Nagel führt zu Recht aus, dass einige Versuche so nicht ausführbar sind[155]. Dem NvK geht es auch nicht um eine wissenschaftliche Dokumentation einer konkreten experimentellen Herangehensweise, sondern um die Vermittlung seiner Erkenntnismethode: „Ziel ist eine scientia expermentalis, die Cusanus allerdings noch nicht erreicht, von der er aber bereits ausdrücklich terminologisch spricht“ [156].

152 Alois Krchňák beschreibt, dass NvK auf dem Reichstag 1444 sechzehn Kodizes und drei astronomische Geräte gekauft hat (A. Krchňák [40], Die Herkunft der astronomischen Handschriften, 109). Im Weiteren verweist er auf Hartmanns Versuche zur Restaurierung der Geräte in der Stiftsbibliothek sowie seine Versuche der Identifikation der Herkunft der Geräte (ebda, 111–113). Auch die Ausführungen zum vermuteten Kaufpreis – immerhin *„(hat) der Kaufpreis für die Handschriften und Instrumente also fast die Bezüge für zwei Monate, die Nikolaus von Kues für seine Deutschlandreise erhielt, ausgemacht“* (ebda, 110) belegen die hohe Wertschätzung des Cusaners für die Astronomie und die astronomischen Instrumente.

153 Nikolaus von Kues [2], Idiota de staticis experimentis.

154 H. Menzel-Rogner [43], Der Laie über Experimente mit der Waage, 7f.

155 F. Nagel [51], Nicolaus Cusanus und die Entstehung der exakten Wissenschaften, 83.

156 Ebda.

Auch in den anderen Werken – wie z. B. in den Idiota Dialogen oder dem Compendium – nimmt NvK die Rolle des Beobachters und Analytikers ein, wenn es um das künstlerische, zielorientierte, planvolle Herstellen von Artefakten zum Nutzen des Menschen geht. Er philosophiert über den Löffelschnitzer[157] und über den Kartographen[158], es sind jedoch keine technischen Beschreibungen aus der Perspektive eines Ingenieurs gegeben, sondern NvK nimmt in der Regel in seinen Ausführungen eine Metaebene „über den Dingen" ein. Aber dennoch ist für NvK auch die praktische Tätigkeit als Kartograph belegt[159], seine Cusanuskarte[160] ist noch heute in der Kartographie ein Begriff.

Anders sieht es für die Tätigkeit des NvK als Techniker oder Erfinder von technischen Geräten in unserem heutigen Sinne aus. Hier lassen sich entsprechende praktische Anwendungen der in seiner Philosophie beobachteten Disziplinen nicht nachweisen[161]. Anders als die Mathematik war die Technik bei ihm also nicht fachspezifisches Forschungsobjekt. Eine Ausnahme bildet vielleicht die Erfindung des Spiels „ludo globi". Zumindest behauptet NvK der Erfinder zu sein, wenn er sagt:

> *„Ich hatte im Sinn, ein Weisheitsspiel zu erfinden. Ich bedachte, wie dies geschehen müsse.*
>
> *Danach legte ich fest, daß es so zu machen sei, wie du siehst. Besinnung, Überlegung und Bestimmung sind Kräfte unserer Seele. Kein Tier hat die überlegende Absicht, ein neues Spiel zu finden"*[162].

Das Spiel wird mit einer etwa faustgroßen ausgedellten Holzkugel[163] gespielt, wobei die konkave Aushöhlung kein regelmäßiges Rollen der Kugel mehr

157 NvK [3], Bd. 2, Idiota de mente, 11–23.

158 NvK [3], Bd. 4, Compendium, Kapitel 8, 31–35.

159 Vgl. den Aufsatz „Nicolaus Cusanus als Geograph" von Steffen Möller in H. Schwaetzer/K. Zeyer [67], Das europäische Erbe.

160 Ebda, 221–225 zu den Cusanus-Karten.

161 FESI: NvK war also kein „kleiner" Archimedes mit dessen so brillanten technischen Erfindungen und diesbezüglich auch kein Vorläufer eines Galilei oder Leonardo. Die gegenteilige Einschätzung in S. Schneider [64], Cusanus als Wegbereiter, 195, ist nach Meinung des Verfassers doch zu weit hergeholt.

162 NvK [0], Opera, De ludo globi, 31, *„Cogitavi invenire ludum sapientiae. Consideravi quomodo illum fieri oporteret; deinde terminavi ipsum sic fiendum ut vides. Cogitatio, consideratio et determinatio virtutes sunt animae nostrae. Nulla bestia talem habet cogitationem inveniendi ludum novum, quare nec considerat aut determinat circa ipsum quidquam."*

zulässt. Aus einer festgelegten Entfernung versucht jeder Spieler die Kugel durch geeignetes Werfen oder Rollen in den in zehn von außen nach innen durchnummerierten, konzentrischen Kreisen unterteilten Zielkreis zu platzieren, was aufgrund der Unwucht nicht ganz einfach ist. Oder, um mit Kurt Flasch zu sprechen, die Kugel „eiert aufgrund der Unwucht“[164]. Je dichter die Kugel zum Zentrum[165] zu liegen kommt, desto mehr Punkte gibt es, also maximal 10 Punkte je Durchgang. Das Spiel wird auf 34 Punkte gespielt, dem Lebensalter Christi.

Cusanus gibt die Spielbeschreibung und -anleitung, aber gleich eingebettet in seine philosophischen Grundüberzeugungen und verlangt uns dabei eine erhebliche Denkleistung allein schon bei der Beschreibung des Spielgerätes ab:

> *„**Cardinal:** Ich glaube nicht, daß euch unbekannt ist, warum die Kugel durch die Kunst des Drechslers diese Gestalt erhielt; eine Halbkugel, die ein wenig ausgehöhlt ist. Hätte sie sie nicht, dann würde sie nämlich nicht diese schneckenförmig eindrehende oder spiralige oder nach innen gekrümmte Bewegung machen, die ihr seht. Der Teil der Kugel nämlich, der ein vollkommener Kreis ist, würde sich geradeaus bewegen, wenn nicht der schwerere und dickere Teil diese Bewegung verzögern und als einer Art Mittelpunkt zu sich hinzöge. Auf Grund dieser Unterschiedenheit ist die Figur einer Bewegung fähig, die weder ganz gerade noch völlig gekrümmt ist, wie es der Umfang des Kreises ist, der von seinem Mittelpunkt gleichweit entfernt ist. Beachtet darum zuerst die Ursache für die Gestalt der Kugel; ihr erblickt an ihr die gewölbte Oberfläche der größeren Halbkugel und die hohle Oberfläche der kleineren Halbkugel und zwischen ihnen ist*

163 G. von Bredow [13], Schriften des Nikolaus von Cues, 98 gibt eine Skizze des Spielgerätes wie auch die Nvk [3], Dialogus de ludo globi, Bd. 3, 145f.

164 K. Flasch [23], Geschichte einer Entwicklung, 577.

165 In den Werksausgaben von Paris und Basel ist die Abbildung nicht stimmig zum Text genau andersherum mit im Zentrum beginnend und mit der 10 für den äußersten Kreis durchnummeriert. Böhlandt weist zu Recht darauf hin (M. Böhlandt [12], Verborgene Zahl, 179f). Weiter arbeitet er die in unserer Thematik wichtige Symbolik und den theologischen Aspekt heraus und weist zu der hohen diesbezüglichen Parallelität zur Schrift „De coniecturis“ hin: *„Wo De coniecturis sich vor allem Fragen der mittelbaren Theophanie zuwendet, also den Anzeichen für das Walten Gottes in der Welt durch die Offenlegung kosmischer Ordnung (über die der Mensch sich durch die Zahl mutmaßend annähern kann), da tritt im Globusspiel das epiphanische Moment, die Bedeutung des Christusereignisses, hinzu“.* Er erläutert weiterhin die doppelte Zahlensymbolik, die NvK hier in seiner Christologie verwendet: Einmal steht das „Eine“ für Gott als Urgrund, aus dem alles geschaffen, andererseits steht die Zehnzahl als Symbol für den teleologischen Gottesbegriff, auf den hin sich die Erlösung über Christus vollziehen kann (ebda.).

der Körper der Kugel enthalten. Ferner seht ihr, daß die Kugel gemäß dem verschiedenen Verhältnis der besagten Oberflächen in unendlich vielen Weisen variieren und stets auf eine andere Bewegung abgestimmt werden kann"[166].

3.2 Die Schrift vom Globusspiel „De Ludo Globi"

Werfen wir einen Blick auf den Inhalt dieser cusanischen Schrift. Die Rahmenhandlung ist schnell geschildert. Der Kardinal – also NvK selbst – wird im ersten Buch nach einem unterhaltsamen aber vielleicht ermüdenden gemeinsamen Spiel vom jungen Johannes, Herzog von Bayern[167], aufgefordert, ihm zu erzählen und ihn zu unterrichten. Das Spiel – obwohl Ausgangspunkt und immer wieder Erläuterungshilfsmittel – ist jedoch sehr bald nicht mehr Inhalt des Dialoges, sondern es geht um philosophische und theologische Inhalte, insbesondere um die cusanischen Ansätze zur Erkenntnisgewinnung. Thematisiert wird z. B. die „Seele", die „Verstandeskraft", die „Erkenntnis" und Stufen der Erkenntnis vom instinkthaften richtigen Tun über die sinnliche Erfahrung, über das rationale Verstehen hin zur menschlichen Vernunft, der Unterscheidungsfähigkeit der mens z. B. von Gut und Böse bis hin zur annähernden und vermutenden Gottesschau.

Im zweiten Buch wiederholt sich diese Rahmenhandlung, allerdings wird der Dialog jetzt mit Albert, dem jüngeren Bruder des Johannes, geführt. Die Gesprächsinhalte sind ähnlich und es wird oft auf das erste Gespräch verwiesen. Dabei werden die Sachverhalte in diesem zweiten Buch noch einfacher und vereinfachend dargestellt, um dem jugendlichen Albert eine adäquate

166 NvK [0], Opera, De ludo globi, 4, „*Cardinalis: Sed cur globus arte tornatili cepit illam mediae sphaerae figuram aliquantulum concavam non vos ignorare puto. Non enim faceret motum, quem videtis elicum seu spiralem aut curvae involutum, nisi talem teneret figuram. Pars enim globi, quae est perfectus circulus, in rectum moveretur, nisi pars ponderosior et corpulenta motum illum retardaret et centraliter ad se retraheret. Ex qua diversitate figura motui est apta, qui nec est penitus rectus nec penitus curvus, uti est in circuli circumferentia ab eius centro aeque distante. Unde primo causam figurae globi attendite, in quo videtis superficiem convexam medietatis maioris sphaerae et superficiem concavam medietatis minoris sphaerae, et inter illas corpus globi contineri. Ac quod globus infinitis modis secundum variam habitudinem dictarum superficierum potest variari, semper ad alium et alium motum adaptari*".

167 G. von Bredow gibt eine schlüssige Erklärung, dass es sich bei den Dialogpartnern des Cardinals um Johann von Bayern, Sohn des Albrecht III. sowie seine beiden 10 bzw. 14 Jahre jüngeren Brüder Albert und Wolfgang handelt und datiert das Gespräch und die Entstehung der Schrift auf 1462 (G. von Bredow [13], Schriften des Nikolaus von Cues, 108f).

Verständnis- und Sprachebene zu bieten. Aber auch neue Sachverhalte kommen im zweiten Buch hinzu: Seine Angelologie – auf die wir noch zu sprechen kommen – oder ein Vergleich von Gott als umfassenden Münzherrn mit einer interessanten Wertediskussion. Es geht also um einen philosophischen, möglichst allgemeinverständlichen Lehrdialog, nachdem durch das Globusspiel das Interesse der jungen Leute geweckt wurde:

> *„**Johannes:** Wir bewundern alle dieses neue und unterhaltsame Spiel; wohl deshalb, weil es irgendeine tiefergehende Betrachtung zur Darstellung bringt. Diese bitten wir dich, uns darzulegen.*
> ***Cardinal:** Ihr seid auf keiner schlechten Spur. Denn verschiedene Wissenschaften besitzen Instrumente und Spiele, – so die Arithmetik das Zahlenspiel, die Rithmatia*[168]*, die Musik das Monochord; auch dem Brett- oder Schachspiel fehlt nicht ein moralisches Geheimnis. Ich bin der Meinung, daß kein ehrliches Spiel völlig ohne Lehrgehalt ist. Diese Beschäftigung mit dem so angenehmen Kugelspiel aber, so meine ich, vergegenwärtigt uns keine geringe Philosophie“*[169].

Und Cusanus betont nicht nur den pädagogischen Zweck, sondern es geht ihm um „große Philosophie". Die Wissenschaften und die praktischen Ergebnisse, also auch die Mathematik und die Technik spielen dabei eine zentrale Rolle, ja selbst die spielerische Auseinandersetzung bergen „moralische Geheimnisse“[170].

168 Böhlandt führt zum Begriff rhythmomachie, rithmimachie oder verkürzt rythmatia aus, worum Gerda von Bredow, die die deutsche Ausgabe der Schrift besorgte, in ihrer Übersetzung fälschlicherweise statt ryth(mi)machie den Begriff rithmatia gesetzt hat und gibt zu diesem „Zahlenkampfspiel" oder „Rythmusspiel" weitergehende Literatur (M. Böhlandt [12], Verborgene Zahl, 178). Ausführlich W. Breidert [15], Rhythmomachie und Globusspiel, 164f. Vgl. auch G. von Bredow [13], Schriften des Nikolaus von Cues, 98, Anm. 2.

169 NvK [0], Opera, De ludo globi, 2, *„Ioannes: Admiramur omnes hunc novum iucundumque ludum, forte quia in ipso est alicuius altae speculationis figuratio, quam rogamus explanari. Cardinalis: Non male movemini, habent enim aliquae scientiae instrumenta et ludos, arithmetrica rhythmimachiam, musica monochordum. Nec ludus scacorum caret mysterio moralium. Nullum enim puto honestum ludum penitus disciplina vacuum. Hoc enim tam iucundum globi exercitium nobis non parvam puto repraese philosophiam.“*

170 M. Böhlandt [12], Verborgene Zahl, 177. Böhlandt weist darauf hin, dass *„die Cusanusforschung der Schrift über das Globusspiel (zu Unrecht) bisher wenig Aufmerksamkeit (hat) zukommen lassen, denn sie enthält, nur kurze Zeit vor Nikolaus' Tod verfasst, noch einmal einen neuen, progressiven Denkansatz. Der Text spiegelt Nikolaus Bemühen wieder, seine Konzeptionen zur Einheitsmetaphysik und Erkenntnislehre von der aenigmatischen Konstruktion, wie sie De docta ignorantia*

Anders als der Eindruck, den Flasch vermitteln könnte, wenn er bei dieser Schrift den Terminus Unterhaltungsphilosophie verwendet[171], bin ich also nicht der Meinung, dass es um einige bekannte, jedoch nicht besonders tiefsinnige Gedanken eines altersmilden NvK zur oberflächigen Unterhaltung von Jugendlichen, die beim Aufenthalt im Hause des Cusaners durch Spiel und anderes beschäftigt werden müssen, geht, sondern um eine wichtige Schrift in der Tradition der Idiota-Dialoge, in welchem der Cusaner die ihm wichtigen Denkansätze seiner Philosophie möglichst kompakt und allgemein verständlich zusammenfassen möchte[172].

3.3 Das Technikverständnis des Cusaners

Das Technikverständnis[173] des NvK ist an vielen Stellen seines Werkes ausgeführt und lässt sich besonders am Kosmographenbeispiel im Compendium oder am Löffelschnitzerbeispiel in der Schrift Idiota de mente illustrieren[174]. Dabei sind im cusanischen Verständnis folgende Aspekte relevant:

- Die menschliche Kunst, also die Technik ist eine Fähigkeit der menschlichen mens, die aus der Abstrahlung des göttlichen Geistes in diese hineingelegt ist.
- Zwischen mens und Technik besteht dieselbe Relation, wie zwischen dem Absoluten und der Schöpfung einerseits und eine Ähnlichkeit zum Bild-/Abbildverhältnis zwischen göttlichem Geist und der mens andererseits. Insbesondere folgt hieraus, dass der Mensch für die von ihm geschaffenen künstlichen Geschöpfe, d. h. die geschaffene Technik verantwortlich ist und bleibt. Der göttliche Funke in uns mit der ausgezeichneten Fähigkeit eines „secundi dei“ ein schöpferisches Können zu entwickeln hat mithin auch Konsequenzen.
- Der menschliche Geist kann sich dem Absoluten und Ganzen nur approximativ nähern und niemals das Ganze vollständig überblicken, und zwar weder in zeitlicher Abfolge, noch in kausaler Verkettung,

oder De coniecturis prägen, zur Teilhabe am Symbol zu führen, den Erkenntnissuchenden selbst in die Symbolsprache mit einzubinden.“ (ebda).

171 K. Flasch [23], Geschichte einer Entwicklung, 576.

172 Ähnlich äußert sich auch M. Böhlandt [12], Verborgene Zahl, 175–178.

173 Vertieft und ausführlich J. Franz [24], Der Technikbegriff des Nikolaus von Kues.

174 J. Franz [24], Der Technikbegriff des Nikolaus von Kues, 137–139.

noch in logischer Ableitung oder anderswie. Daraus folgt, dass wir niemals die Gesamtheit aller Folgen unseres Tun abschätzen können (Stichwort: Technikfolgenabschätzung)[175].

- Die Technik verlangt vom Menschen Können und Wissen. Das planvolle Handeln, das rationale Durchdenken und Zählen und Konstruieren im Geiste ist aufgrund unserer Begrenztheit genauso wichtig wie die Entwicklung der Fertigkeiten eines Meisters. Anders als der Schöpfer, der keine Ratio und kein Zählen kennt und kennen muss und bei dem die zeitlose Schöpfung keine Übung verlangt, plädiert Cusanus mithin für einen überlegten, vernünftigen und gekonnten Technikeinsatz.

Aber lassen wir hier den Cardinal in De Ludo globi sprechen:

> „***Cardinal:*** *Die Seele schafft durch ihre Erfindung neue Instrumente, damit sie sondere und erkenne, so wie Ptolemäus das Astrolabium, Orpheus die Lyra usw. Die Erfinder schufen dies auch nicht aus etwas Äußerlichem, sondern aus dem eigenen Geist. Im sinnlichen Stoff entfalteten sie ihren Gedankenentwurf.*
>
> *So sind Jahr, Monat, Stunden vom Menschen geschaffene Werkzeuge, um die Zeit zu messen. Ebenso ist die Zeit, da sie das Maß der Bewegung ist, das Instrument der messenden Seele*“[176].

Dabei hat die Technik – wie die Mathematik – auch Symbol- oder Zeichencharakter, mit welchem der Mensch durch Analogieschlüsse bildhaft versteht. NvK bereitet den Leser auf seine philosophische oder theoretische Botschaft vor, wenn er seinen Laien sprechen lässt: „*Ich will Beispiele mit Symbol-*

175 FESI: Diese Vernetzung in der Welt erinnert den Schreibenden an einen Ausspruch einer Wissenschaftsautorität in der Betriebswirtschaft, wobei das Zitat vor dem Hintergrund des Versuchs der Anwendung naturwissenschaftlicher und ingenieurmäßiger Methoden zur Erklärung und Prognostik wirtschaftlichen Geschehens – was offensichtlich nur schlecht gelingt – einzuordnen ist: „*Irgendwie hängt alles mit allem zusammen, wir wissen nur nicht, wie.*“

176 NvK[0], Opera, De ludo globi, 94, „*Cardinalis: Creat anima sua inventione nova instrumenta, ut discernat et noscat, ut Ptolomaeus astrolabium et Orpheus lyram et ita de multis. Neque ex aliquo extrinseco inventores crearunt illa, sed ex propria mente. Explicarunt enim in sensibili materia conceptum. Sic annus, mensis, horae sunt instrumenta mensurae temporis per hominem creatae. Sic tempus, cum sit mensura motus, mensurantis animae est instrumentum.*“

charakter anwenden, die aus der Kunst des Löffelschnitzens genommen sind, damit das, was ich sagen will, anschaulicher werde"[177].

Aber auch in der hier schwerpunktmäßig betrachteten Schrift über das Globusspiel finden wir den Symbolscharakter der „Technik". Zu denken ist etwa an das Rätselbild ganz am Ende des zweiten Buches von Gott als Münzherrn, der alle Währungen und Werte in sich trägt. Wir wollen jedoch die folgende Textstelle für die Illustration unserer Symbolthese besprechen:

> „***Cardinal:*** *Dieses Leben der Region der Lebenden wird in dieser Gestalt, die, wie du siehst, rund ist, dargestellt. Und wie alle Kreise denselben Mittelpunkt haben, so sind sie die Gestalten der Rundung. Die Rundung ist eine Kreisbewegung immerwährenden und unendlichen Lebens. In jedem Runden muß die Rundung sein, damit dieses Runde in ihm ist. Wie daher weder der Begriff noch das Wesen des Runden oder Immerwährenden von etwas anderem her gewußt oder besessen werden kann als vom Mittelpunkt, um den herum sich die dauernde Bewegung bewegt, so daß, wenn er nicht existiert, weder Dauerhaftigkeit noch immerwährende Lebensbewegung, die in der Gleichheit zur Selbigkeit des Mittelpunktes ihren Bezug erhält, gekannt oder sein kann, so verhält sich auch der Mittelpunkt, der Christus ist, zu allen Umkreisungen.Die Kreise also stellen diese Lebensbewegung dar. Und die lebendigeren Bewegungen werden durch die Kreise, die dem Mittelpunkt, der das Leben ist, näher sind, bezeichnet; denn es ist das Leben, das das Zentrum ist, und mit ihm verglichen, kann es nichts Größeres und Kleineres geben. In ihm ist nämlich jede Lebensbewegung, die nicht außerhalb der Bewegung sein kann, enthalten. Denn wenn nicht in jeder Lebensbewegung das Leben ist, kann sie niemals lebendig sein. Die Kreis- und Mittelpunktsbewegung aber ist es, die das Leben der Lebenden bedeutet. Je näher der Kreis dem Mittelpunkt ist, umso schneller kann er umkreist werden. Was also so Kreis ist, daß es auch Mittelpunkt ist, kann in stehendem Jetzt umkreist werden.*
>
> *Dies wird demnach die unendliche Bewegung sein. Das Zentrum aber ist ein fester Punkt: die größte und unendliche Bewegung wird also auch gleicherweise die geringste sein; in ihr sind Zentrum und Umfang dasselbe.*

177 NvK [0], Opera, Idiota de mente, 62, cap. II, n. 62, „*Applicabo igitur ex hac coclearia arte symbolica paradigmata, ut sensibiliora fiant quae dixero.*"

Und wir nennen sie das Leben der Lebenden, das in seiner feststehenden Ewigkeit jede mögliche Lebensbewegung in sich entfaltet“[178].

Den Zielkreis, also unser Spielinstrument nutzt NvK, um uns die ganze Kraft seiner Christologie zu verdeutlichen. Seine doppelte Symbolik der Zehnzahl, seine Symbolik der Mitte und des Runden[179], all das kennen wir im cusanischen Denken. Neu ist, dass NvK hier ein Spielinstrument als Ausgangspunkt und Illustrationsmittel wählt. Im Weiteren überführt NvK die Symbolik in seine theologische Sicht des notwendigerweise individuell zu suchenden und zu gehenden Weges hin zu Christus – so wie es nur unterschiedliche und unendlich viele Laufbahnen der eingedellten Spielkugel auf dem Spielfeld gibt.

Und am besten wird dieser Weg – so meine Interpretation weiter – mit Freude gegangen in Analogie zum Globusspiel, das Cusanus erfunden und konstruiert hat und welches die Menschen mit Freude spielen:

„*Meine Absicht aber war, dieses jüngst erfundene Spiel, das nunmehr alle leicht begreifen und gerne spielen, weil man wegen des veränderlichen und*

178 NvK [0], Opera, De ludo globi, 69, „*Cardinalis: Figuratur haec vita regionis viventium in figura, quam rotundam vides. Et ut circuli omnes habent idem centrum, circuli sunt figurae rotunditatis. Rotunditas circulatio est motus vitae perpetuae et infinibilis. In omni rotundo necesse est esse rotunditatem, in qua sit ipsum rotundum. Unde sicut nec notitia nec essentia rotundi seu perpetui sciri aut haberi potest nisi a centro, super quo volvitur motus perpetuus, ita quod eo non exsistente non potest nec perpetuitas nec motus vitae perpetuae, qui in aequalitate ad identitatem centri refertur, aut nosci aut esse, sic se habet centrum, quod Christus est, ad omnes circulationes. Circuli igitur hic motum vitae figurant. Et vivaciores motus designantur per circulos centro, quod vita est, propinquiores, quoniam vita, quod centrum est, quo nec maior nec minor dari potest. In ipso enim continetur omnis motus vitalis, qui extra vitam esse nequit.Nisi enim sit in omni motu vitali vita, nequaquam vitalis erit. Est autem circularis et centralis motus, qui vita est viventium. Quanto autem circulus centro est propinquior, tanto citius circumvolvi potest. Igitur, qui sic est circulus quod et centrum, in nunc instanti circumvolvi potest. Erit igitur motus infinitus. Centrum autem punctus fixus est. Erit igitur motus maximus seu infinitus et pariter minimus, ubi idem est centrum et circumferentia, et vocamus ipsum vitam viventium in sua fixa aeternitate omnem possibilem vitae motum complicantem*“.

179 T. Müller [46], Möndchenquadratur, 53, „*Eine analoge Symbolik bezüglich der vollkommenen Kugel als Gottessymbol und der gedellten und deshalb unberechenbaren Kugel als Symbol für den Menschen durchzieht das Werk De ludo globi*“.

niemals sicheren Laufs oft lachen muß, in eine Ordnung zu lenken, die unserem Vorhaben nützlich ist“[180].

Wir fassen zusammen: Das cusanische Technikverständnis bestimmt sich wie die Mathematik

- als Produkt des menschlichen Geistes
- als geeignetes Symbol oder Zeichen, um in einen Reflexions- und Erkenntnisprozess einzutreten.

3.4 Die Technik im Erkenntnisprozess

In diesem Abschnitt wollen wir uns auf Beispiele aus der Globusschrift beschränken. Ziemlich am Anfang dieser Schrift fordert der Cardinal den Johannes nach dessen (zu) schnellem Einwurf „*Wir wissen, daß es durchaus so ist, wie du sagst*“[181] und damit uns Leser auf, genauer in der realen Welt zu beobachten und damit den Prozess der Erkenntnisgewinnung zu starten.

> „***Cardinal:*** *Ich glaube nicht, daß euch unbekannt ist, warum die Kugel durch die Kunst des Drechslers diese Gestalt erhielt; eine Halbkugel, die ein wenig ausgehöhlt ist. Hätte sie sie nicht, dann würde sie nämlich nicht diese schneckenförmig eindrehende oder spiralige oder nach innen gekrümmte Bewegung machen, die ihr seht.*
>
> *Der Teil der Kugel nämlich, der ein vollkommener Kreis ist, würde sich geradeaus bewegen, wenn nicht der schwerere und dickere Teil diese Bewegung verzögern und als einer Art Mittelpunkt zu sich hinzöge. Auf Grund dieser Unterschiedenheit ist die Figur einer Bewegung fähig, die weder ganz gerade noch völlig gekrümmt ist, wie es der Umfang des Kreises ist, der von seinem Mittelpunkt gleichweit entfernt ist. Beachtet darum zuerst die Ursache für die Gestalt der Kugel; ihr erblickt an ihr die gewölbte Oberfläche der größeren Halbkugel und die hohle Oberfläche der kleineren Halbkugel und zwischen ihnen ist der Körper der Kugel enthalten.*

180 NvK [0], Opera, De ludo globi, 50, „*Fuit autem propositum meum hunc ludum noviter inventum, quem passim omnes facile capiunt et libenter ludunt propter crebrum risum, qui ex vario et numquam certo cursu contingit, in ordinem proposito utilem redigere.*“

181 NvK [0], Opera, De ludo globi, 3.

Ferner seht ihr, daß die Kugel gemäß dem verschiedenen Verhältnis der besagten Oberflächen in unendlich vielen Weisen variieren und stets auf eine andere Bewegung abgestimmt werden kann“[182].

Höhere Erkenntnis müssen wir uns also konkret und mühsam durch Analyse der Technik, der Instrumente, der realen Welt erarbeiten. Gleichzeitig entzündet sich der Denkprozess durch Verschränkung der Form und die – zu erwartende – Bewegung. Der cusanische „Explikations- Gedanke“ kündigt sich durch das mögliche Variieren der Kugellaufbahn „in unendlich vielen Weisen“, jedoch in stets unterschiedlichen Ausprägungen an. Die Ursachen für die unterschiedlichen Bahnen der Kugel sind vielfältig, nicht zuletzt auch in den „Umweltbedingungen“ begründet:

„***Cardinal:*** *Richtig. Man muß aber auch betrachten, daß sich die Linien, die die Bewegung ein und derselben Kugel beschreibt, ändern, und daß von ihr niemals dieselbe Linie beschrieben wird, sei es, daß sie von dem selben, sei es, daß sie von einem anderen angestoßen wird; sie wird ja stets verschieden in Bewegung versetzt. Die bei größerem Anstoß beschriebene Linie wird gerader und die bei geringerem Anstoß beschriebene wird gekrümmter sein. Darum sind auch zu Beginn der Bewegung die Linien dieser Bewegung gerader, da der Antrieb noch frischer ist als später, wenn die Bewegung nachläßt. Die Kugel erhält nämlich nur zu gerader Bewegung einen Anstoß. Daher wird bei einem stärkeren Anstoß die Kugel weiter von ihrer Natur fort gezwungen, so daß sie sich, soweit es möglich ist, gegen ihre Natur gerade bewegt. Bei einem schwächeren Anstoß dagegen folgt die Bewegung mehr der natürlichen Neigung der Kugelgestalt*“[183].

182 NvK [0], Opera, De ludo globi, 4, „*Cardinalis: Sed cur globus arte tornatili cepit illam mediae sphaerae figuram aliquantulum concavam non vos ignorare puto. Non enim faceret motum, quem videtis elicum seu spiralem aut curvae involutum, nisi talem teneret figuram. Pars enim globi, quae est perfectus circulus, in rectum moveretur, nisi pars ponderosior et corpulenta motum illum retardaret et centraliter ad se retraheret. Ex qua diversitate figura motui est apta, qui nec est penitus rectus nec penitus curvus, uti est in circuli circumferentia ab eius centro aeque distante. Unde primo causam figurae globi attendite, in quo videtis superficiem convexam medietatis maioris sphaerae et superficiem concavam medietatis minoris sphaerae, et inter illas corpus globi contineri. Ac quod globus infinitis modis secundum variam habitudinem dictarum superficierum potest variari, semper ad alium et alium motum adaptari*“.

183 NvK [0], Opera, De ludo globi, 5f, „*Cardinalis: Recte. Sed oportet etiam considerare lineas descriptionis motus unius et eiusdem globi variari et numquam eandem describi, sive per eundem vel alium impellatur, quia semper varie impellitur, et in maiori impulsu descripta linea videtur rectior*

Und später weiter:

> „**Cardinal:** *Wenn jemand die Kugel wirft, hält er sie das eine Mal nicht so in der Hand wie das nächste Mal, noch bringt oder setzt oder stößt er sie mit der gleichen Kraft auf die Fläche. Es ist ja nicht möglich, daß etwas zweimal in gleicher Weise geschieht. Denn es schließt einen Widerspruch ein zu behaupten, daß es ohne jeden Unterschied zwei in allem gleiche Dinge gibt. Denn wie könnten viele sein ohne den Unterschied? Und obwohl der Erfahrenere stets versucht, sich auf dieselbe Weise zu verhalten, so ist dies dennoch nicht genau möglich, wenn auch der Unterschied nicht immer wahrgenommen wird.*
> **Johannes:** *Es gibt vieles, das Verschiedenheit herbeiführt: die Unterschiedlichkeit des Bodens, das Dazwischenkommen von Steinchen, die den Lauf behindern und oft zum Stillstand bringen, die Beschmutzung der Kugel, vor allem, wenn sie einen Spalt bekommt, und dergleichen mehr*“[184].

Im nächsten Schritt im Denkprozess fordert der Cardinal den Johannes auf, von der Form des konkreten Spielgerätes weg, hin zum abstrakten Begriff des „Runden“ und dann weiter zur Spekulation über die Unendlichkeit emporzusteigen:

> „**Cardinal:** *Dies alles zu bedenken ist notwendig, damit wir von hier aus zur philosophischen Betrachtung gelangen, die zu erjagen wir uns vorgenommen haben. Die Bewegung hört mitunter plötzlich auf, wenn die Kugel auf ihre ebene Oberfläche fällt. Sie wird behindert wegen der Schwankungsbreite in Kugel und Umgebungsbedingungen und läßt von Natur aus nach, wenn sie sich nach und nach im Pol, der Mitte der gekrümmten*

et secundum minorem curvior. Quare in principio motus, quando impulsus est recentior, lineae motus sunt rectiores quam quando motus tepescit. Non enim impellitur globus nisi ad rectum motum. Unde in maiori impulsu globus a sua natura magis violentatur, ut contra naturam etiam quantum fieri potest recte moveatur. In minore vero impulsu violentatur ad motum, et naturalis minus violentatur. Sed aptitudinem naturalem formae suae motus sequitur“.

184 NvK [0], Opera, De ludo globi, 6, „*Cardinalis: Dum quis globum proicit, nec una vice sicut alia ipsum in manu tenet aut emittit aut in plano ponit aut aequali virtute pellit. Nihil enim bis aequaliter fieri possibile est. Implicat enim contradictionem esse duo et per omnia aequalia sine omni differentia. Quomodo enim plura possent esse plura sine differentia? Unde, quamvis peritior semper nitatur eodem modo se habere, non est tamen hoc praecise possibile, licet differentia non semper videatur. Ioannes: Multa sunt, quae varietatem inducunt, etiam pavimenti diversitas, et lapillorum interceptio cursum impedientium et saepe suffocantium, atque globi faeculentia, immo fissura superveniens et talia multa*“.

Oberfläche, vermindert. Dieses und vieles andere, meine ich, muß man wegen der Ähnlichkeit von Kunst und Natur genau beachten.

Denn da die Kunst die Natur nachahmt, gelangen wir durch das, was wir in der Kunst durch genaue Untersuchung finden, zu den Aufbaukräften der Natur.

Johannes: *Was meinst du mit dem Ausdruck: Schwankungsbreite der Umgebungsbedingungen?*

Cardinal: *Ich meine damit die Veränderungen des Himmels, der Sterne, der Luft und des Wetters. Wenn diese alle sich ändern, dann ändern sie auch das, was sie umgeben und einschließen.*

Johannes: *Du sagst, die Kugel habe eine halbkugelige Oberfläche. Könnte sie nicht eine kleinere oder größere oder die Rundung der vollständigen Kugel haben?*

Cardinal: *Ich leugne nicht, daß die Kugel dies haben kann, wenn wir von der sichtbaren Gestalt oder Rundung, die niemals wahr oder vollkommen ist, sprechen. Denn die Rundung, die nicht mehr runder sein kann, ist niemals sichtbar. Da die Oberfläche an jeder Stelle vom Mittelpunkt der Kugel gleich weit absteht, bleibt die im unsichtbaren Punkt zielbestimmte äußerste Grenze des Runden unseren Augen völlig unsichtbar. Denn wir sehen nur das Teilbare und Ausgedehnte.*

Johannes: *Die letzte kugelartige Rundung der Welt, die ich für die vollkommenste halte, ist also in keiner Weise sichtbar.*

Cardinal: *Keineswegs. Darum ist die Rundung der Welt auch nicht teilbar, da sie in einem unteilbaren und nicht vervielfältigbaren Punkt besteht. Denn die Rundung kann nicht aus Punkten zusammengesetzt sein. Da der Punkt unteilbar ist, hat er weder Ausdehnung noch Teile, weder vorne noch hinten, noch andere Unterschiede, er kann mit keinem anderen Punkt zusammengesetzt werden. Aus Punkten wird also nichts zusammengesetzt. Denn wenn ich dem Punkt einen Punkt hinzufüge, dann kommt dasselbe heraus, wie wenn ich das Nichts mit dem Nichts verbinde. Also ist die äußerste Grenze der Welt nicht aus Punkten zusammengesetzt, sondern die Rundung, die im Punkt besteht, ist ihre äußerste Grenze.*

Da die Höhe der Rundung nur eine ist, die allseits vom Mittelpunkt gleich weit entfernt ist, und es auch nicht mehrere Linien geben kann, die genau gleich sind, kann es nur eine gleich weit abstehende Rundungshöhe geben, die im Punkt beschlossen wird"[185].

Und dann weiterhin:

*„**Johannes:** Ist nicht auch die äußerste Grenze des Winkels, weil sie ein Punkt ist, unsichtbar?*
***Cardinal:** Gewiß. Wenn aber der Winkel nichts anderes wäre als äußerste Grenze, wie die Rundung die äußerste Grenze des Runden ist, dann wäre es sicher, daß der ganze Winkel nicht sichtbar wäre.*
***Johannes:** Ich sehe dies ein und es ist so, wie du sagst. Folglich kann weder das Höchste noch das Tiefste des Runden gesehen werden, da es das Atom selbst ist. Was aber in der Kugel oder im Runden ist, ist das Höchste und Tiefste zugleich. Folglich kann weder die Rundung noch sonst ein Teil davon gesehen werden. Ich sage indes nicht, daß ein rundes Ding nicht gesehen werden könnte, sondern nur, daß die Rundung des Dinges selbst unsichtbar ist. Und hinsichtlich der wahren Rundung ist überhaupt nichts sichtbar. Wenn daher der Gesichtssinn urteilt, etwas sei rund, dann ist in*

185 NvK [0], Opera, De ludo globi, 7f, „*Cardinalis: Haec omnia considerare necesse est, ut deveniamus ex istis ad speculationem philosophicam, quam venari proponimus. Deficit enim motio aliquando subito, cadente globo super planam suam superficiem. Impeditur ob medii globi atque circumstantis variationem, naturaliterque deficit, dum super polo seu medio curvae superficiei successive in ipso motus minuitur. Haec et multa alia puto subtiliter adnotanda propter similitudinem artis et naturae. Ars enim naturam cum imitetur, ab iis quae in arte subtiliter reperimus ad naturae vires accedimus. Ioannes: Quid intendis dicere per circumstantis variationem? Cardinalis: Caeli, stellarum et aëris atque temporis mutationem. Haec omnia immutata immutant illa quae circumstant et continent.*
Ioannes: Aiebas globum semisphaericam habere superficiem. Possetne habere minorem aut maiorem; sive integrae sphaerae rotunditatem? Cardinalis: Globum posse habere superficiem maiorem aut minorem aut integrae sphaerae non nego, si de visibili figura seu rotunditate loquimur, quae nequaquam est vera aut perfecta. Nam rotunditas, quae rotundior esse non posset, nequaquam est visibilis. Cum enim superficies a centro sphaerae undique aeque distet, extremitas rotundi in indivisibili puncto terminata manet penitus nostris oculis invisibilis. Nihil enim nisi divisibile et quantum a nobis videtur.
Ioannes: Ultima igitur mundi sphaerica rotunditas, quam puto perfectissimam, nequaquam est visibilis. Cardinalis: Nequaquam. Immo nec divisibilis mundi rotunditas, cum in puncto consistat indivisibili et immultiplicabili. Non enim rotunditas ex punctis potest esse composita. Punctus enim, cum sit indivisibilis et non habeat aut quantitatem aut partes sive ante et retro et alias differentias, cum nullo alio puncto est componibilis. Ex punctis igitur nihil componitur. Punc». Non est igitur extremitas mundi ex punctis composita. Sed eius extremitas est rotunditas, quae in puncto consistit. Nam cum una sit altitudo rotunditatis, quae undique est aeque distans a centro, et non possint esse plures lineae praecise aequales, erit una tantum aeque distans rotunditatis altitudo, quae in puncto terminatur.tum enim puncto addere perinde resultat ac «si nihil nihilo iungas."

diesem noch nicht die wahre Rundung. Das nämlich scheinst du mir sagen zu wollen: das Urteil des Gesichtssinnes über das Runde ist nicht wahr.
Cardinal: *Dies möchte ich sagen. Denn nichts wird gesehen, es sei denn im Stoff. Im Stoff kann aber nicht die wahre Rundung sein, sondern nur ein Abbild der Wahrheit"*[186].

Und wiederum weiter unten:

*„**Johannes:** Das geht über mein Begreifen; wenn ich auch im Geist einsehe, daß du Wahres sagst, wundere ich mich doch, daß es in der Welt keine wahre Rundung gibt, sondern nur das der Wahrheit angenäherte Bild der Rundung.*
Cardinal: *Wundere dich nicht. Weil das eine Runde in seiner Rundung vollkommener ist als das andere, wird niemals das Runde gefunden, das die Rundung selbst wäre oder über das hinaus es nichts Runderes mehr geben könnte. Diese Regel ist allgemeinhin wahr, da man in allem, das mehr oder weniger aufnimmt, nicht zum schlechthin Größten oder Kleinsten gelangt, über das hinaus nichts größer oder kleiner sein könnte"*[187].

Ausgehend vom Spielgerät entwickelt der Cardinal die Begriffe Ewigkeit, Zeit, Gott um dann wieder zurückzukehren zum Spielinstrument und von neuem den Erkenntnisprozess, diesmal über die Bewegung und die Seele hin zu Gott, zu starten, wiederum in den Schritten:

186 NvK [0], Opera, De ludo globi, 11, *„Ioannes: Nonne sic extremitas anguli, cum sit punctus, est invisibilis? Cardinalis: Immo. Sed si angulus non esset nisi extremitas, sicut est rotunditas rotundi extremitas, certum est totum angulum non esse visibilem. Ioannes: Intelligo et ita est, ut ais. Ideo nec summum nec imum rotundi videri potest, cum sit idem atomus. Quidquid autem in sphaera vel rotundo est, est summum et imum. Ideo nec rotunditas nec aliqua pars eius videri potest. Non tamen dico quod res rotunda videri nequeat. Sed ipsa rotunditas rei est invisibilis. Nec secundum veram rotunditatem quidquam est visibile. Quare, cum visus iudicat aliquid esse rotundum, in eo non est vera rotunditas Hoc quidem mihi videtur te dicere velle, scilicet iudicium visus de rotundo verum non esse. Cardinalis: Haec dicere intendo. Nihil enim videtur nisi in materia. Vera autem rotunditas non potest esse in materia, sed veritatis tantum imago."*

187 NvK [0], Opera, De ludo globi, 15, *„Ioannes: Haec meum excedunt conceptum, licet videam in mente te vera dicere. Admiror tamen quod nec in mundo vera est rotunditas sed tantum imago rotunditatis veritati propinqua. Cardinalis: Non mireris! Nam cum unum rotundum sit perfectius alio in rotunditate, numquam reperitur rotundum, quod sit ipsa rotunditas, seu quo non possit dari magis rotundum. Et haec regula est universaliter vera, quoniam in omnibus recipientibus maius aut minus non devenitur ad maximum aut minimum simpliciter, quo maius aut minus esse non possit".*

Schritt 1:	Beobachten und Verstehen der realen Welt.
Schritt 2:	Abstraktion vom Sinnlichen und das Wesen der Dinge erkennen.
Schritt 3:	Neuerliches Abstrahieren von der abstrakten, aber im figürlichen Modell verankerten Vorstellung und approximative Gottesschau aus einer, aber natürlich keiner umfassenden Perspektive.

Die Erläuterung der Bewegung als physikalisches Phänomen ist durchaus im Zeitgeist geblieben und trägt keinesfalls die späteren Ansätze einer Newtonschen Mechanik in sich, das wollen wir hier jedoch nicht ausführen. Für unsere Fragestellung bleibt nur festzustellen, dass es keinerlei Ansätze für eine mathematische Fundierung der Welterklärung oder gar für eine mathematische Modellbildung zum besseren Technologieeinsatz gibt. Cusanus zeigt uns also keinen Weg zu einer mathematisch begründeten Naturwissenschaft und Technik auf. Wohl aber nutzt er die Technik – hier das Spielgerät – als Ausgangspunkt und Betrachtungsobjekt in seiner Denktechnik. Die technische Wirklichkeit – hier der sichtbare Globus als sichtbares Zeichen – hilft uns im Erkenntnisprozess und weist einerseits auf das Bild-/Abbildverhältnis hin und lässt uns andererseits teilhaben, weil das Ganze in allen Teilen widerstrahlt. Auch in dem schöpferischen Akt des Menschen bei der Schaffung technischer Artefakte widerstrahlt die Fähigkeit des menschlichen Geistes als Abbild der Göttlichkeit, welche auch wiederum nur in Annäherung der Schaffensprodukte erschlossen werden kann. Oder mit den Worten des Cardinals:

> *„So existiert also jene Kugel im Geist des Drechslers als der Geist selbst. Weil nun der Geist sich in jener Gestalt, die er entworfen und deren Entwurf er sich angepaßt hatte, sichtbar machen wollte, machte er die Materie, d. h. das Holz fähig, jene Gestalt aufzunehmen. Dann führte er durch drechselnde Bewegung die Gestalt ins Holz ein. Es war also die Kugel im Geist. Dort ist die Kugel in ihrer Urgestalt der Geist. Sie war im unbearbeiteten Holz der Möglichkeit nach und war dort Stoff. Sie war in der Bewegung, während sie aus der Möglichkeit in die Wirklichkeit geführt wurde, und war dort Bewegung. Und ihre Möglichkeit ist zur Wirklichkeit hervorgeführt worden, daß sie durch Bestimmung und Begrenzung der Möglichkeit wirklich sei; und diese ist tatsächlich so bestimmt, daß sie sichtbare Kugel ist.*

Aus diesem Gleichnis der menschlichen Kunst gewinnt man also ein Mittel, mit dessen Hilfe man irgendwie die göttliche Schöpferkunst mutmaßen kann, wenngleich zwischen dem Schaffen Gottes und dem Machen des Menschen ein so großer Abstand ist wie zwischen Schöpfer und Geschöpf"[188].

Im weiterem Dialog wiederholt sich das Grundschema im Aufbau der Schrift: Wird ein Aspekt der Gottesschau herausgearbeitet, so beginnt NvK wieder neu beim Ausgangspunkt des Globusspieles. So führt er z. B. aus, dass das Spiel kein reines Glücksspiel ist, dass wir unsere Chancen und Fähigkeiten durch Übung verbessern müssen – auch dahinter liegt eine metaphorische, christologische Bedeutung – und kommt dann auf einen weiteren Punkt zu sprechen, der im Kontext der hier geführten Technikdiskussion unter dem Stichwort Technikfolgen und Technikfolgenabschätzung wichtig ist. Der Mensch ist frei und eigenverantwortlich in seinem Tun. Gerade daher muss er seine beabsichtigte Handlung vor dem Tun reflektieren und moralisches Tun durch häufiges Praktizieren einüben.

Aufhänger im Gespräch ist das geäußerte Unbehagen, das der Lauf der Kugel nicht mehr zu beeinflussen ist – wenn diese die Hand verlassen hat. Wir spüren geradezu die gefühlte Ohnmacht des jungen Johannes, wenn seine gerollte Kugel in eine ganz andere Richtung eiert, als gewollt. Und nach dem Rat zum Üben geht das Gespräch dann auf die Frage der Moral ein:

„***Cardinal:*** [...] *Du siehst also wohl, daß du die Kugel, wann und wie du willst, in Bewegung setzt. Auch wenn die Konstellation des Himmels sich so verhielte, daß ihr zufolge die Kugel an einem festen Punkt verharren müßte, so wird sein Einfluß dennoch nicht deine Hände halten, daß du nicht trotzdem, wenn du willst, die Kugel bewegst.*

188 NvK [0], Opera, De ludo globi, 45, „*Sic igitur in mente tornatoris globus iste mens ipsa exsistens, dum mens [in] se in ea forma quam concepit – et cui conceptui se assimilavit – visibilem facere vellet, adaptavit materiam, scilicet lignum, ut illius formae capax esset. Deinde tornatili motu formam in ligno introduxit. Fuit igitur globus in mente, et ibi globus archetypus mens est. Fuit in rudi ligno possibiliter, et ibi fuit materia. Fuit in motu, dum de potentia ad actum deduceretur, et ibi fuit motus. Et producta est possibilitas eius ad actum, ut sit actu per determinationem et definitionem possibilitatis, quae actu est sic determinata, ut sit visibilis globus. Habes igitur ex hac similitudine humanae artis, quomodo artem divinam creativam aliqualiter conicere poteris, licet inter creare dei et facere hominis tantum intersit sicut inter creatorem et creaturam*".

Das Reich eines jeden ist frei so wie das des Gesamt, in dem sowohl der Himmel als auch die Sterne enthalten sind; diese sind in der kleineren Welt, wenn auch auf menschliche Weise.
Johannes: *Danach darf also der Mensch auch die Unglücksfälle nur sich selbst anrechnen.*
Cardinal: *So verhält es sich mit der Moral und mit jenen Werken, die dem Menschen als Menschen eigen sind. Niemand ist lasterhaft außer durch eigene Schuld* [...].

Jeder Mensch nämlich hat den freien Willen, zu wollen bzw. auch nicht zu wollen, da er Tugend und Laster erkennt und weiß, was ehrbar und was unehrbar, was gerecht und was ungerecht, was lobenswert und was tadelnswert, was rühmlich und was schändlich ist, und daß man das Gute wählen und das Böse verachten muß. In sich hat er den König und Richter über diese Dinge"[189].

Kommen wir zurück auf die Eingangsfragen dieser Arbeit. Gibt es einen Bezug zwischen Mathematik und Technik im Sinne einer mathematisch begründeten Naturwissenschaft?

Nach sorgfältiger Durchsicht finden wir in der Globusschrift keine Anhaltspunkte dafür und wissen uns in dieser Einschätzung nicht allein, wenn Böhlandt[190] sagt:

„Nur durch den streng gerichteten Willen und ausdauernde Übung des Spiels geleitet kann sich die Kugel dem Ziel beständig nähern. Weniger liegt in dem ganzen Bild wissenschaftstheoretische Programmatik, etwa durch die Verknüpfung von Physik und Mathematik, also von numerus und motus ..."

189 NvK [0], Opera, De ludo globi, 56f, „Bene vides quod globum quando vis et quomodo vis in motu ponis; etiamsi constellatio caeli haberet globum fixum debere persistere, non tenebit caeli influxus manus tuas, quin si velis globum moveas. Regnum enim cuiusque liberum est, sicut et regnum universi, in quo et caeli et astra continentur, quae in minori mundo etiam, sed humaniter continentur.
Ioannes: Secundum hoc igitur nemo nisi sibiipsi adversos etiam casus imputare debet.
Cardinalis: Ita est in moralibus atque iis operibus, quae sunt hominis ut hominis. Nemo enim vitiosus nisi sua culpa. Quisque enim homo liberum habet arbitrium velle scilicet et nolle, cognoscens virtutem et vitium, quid honestum, quid inhonestum, quid iustum et quid iniustum, quid laudabile, quid vituperabile, quid gloriosum, quid scandalosum et quod bonum elegi debeat et malum sperni, habens intra se regem et iudicem horum quae ..."

190 M. Böhlandt [12], Verborgene Zahl, 186.

Aus dem zweiten Buch der Globusschrift wollen wir noch einen Ausschnitt des Werkes beleuchten, der auf den ersten Blick doch etwas Abseits von unserem weiteren Themenkreis „NvK und die Technik“ liegt. Es ist die Angelologie des Cusanus, die er zur Erklärung seiner Gottessuche und -sicht dem jungen Albert mitteilt, nachdem zuvor über die Symbolik der Kreise als Ausdruck unterschiedlicher Fortschrittszustände im Erleuchtungs- und Erkenntnisprozess der Menschen gesprochen wurde. Der Cardinal strukturiert die Hierarchie der Erkenntnis und Nähe zu Gott, verpasst dem Erkenntnisraum sozusagen eine hierarchische Wohlordnung, wenn er ausführt:

> „***Cardinal:*** *Die Engel sind geistige Einsichten, und weil sie verschieden sind, muß man ihre geistigen Schauungen und Sonderungen durch Ordnungen und Stufen von den untersten bis zur höchsten – diese ist Christus und Bote des großen Ratschlusses genannt – in geistiger Weise unterscheiden. Auf Grund dieser Unterscheidung findet man drei Ordnungen und in jeder dieser Ordnungen drei Chöre. Und die Zielgrenze ist der Mittelpunkt, so wie der Zehner Zielgrenze der neun Teile ist. Die erste Ordnung ist mittelpunktsnäher und besteht aus einsichtig-vernünftigen Geistern, die mit einem einfachen Blick ins Zentrum, oder in das allmächtige Urbild, alles ohne Aufeinanderfolge, sei sie zeitlich oder natürlich, zugleich begreifen. Sie dienen der göttlichen Majestät, von der sie die Fähigkeit besitzen, alles so schauen zu können. Denn wie Gott, da er der einsehende Grund ist, von sich aus diese Sonderung besitzt, daß er in seiner Einfachheit alles zugleich schaut, so verleiht er auch jenen dienenden Geistern die Gabe, in der göttlichen Einfachheit alles zu wissen. Obgleich geschaffen, werden sie daher auch ewig genannt, denn sie begreifen alles zugleich.*
>
> *Eine andere Ordnung ist die der Einsichtigen, die alles zugleich begreifen, jedoch nicht ohne natürliche Abfolge, so nämlich, wie das eine aus dem andern der Natur nach hervorgeht. Und wenn sie auch ohne zeitliche Abfolge einsehen, so können sie dennoch nicht ohne natürliche Ordnung einsehen. Daher erfahren sie eine Art Schwächung ihrer Erkenntnis. Folglich kann man sie nicht ewig nennen wie die direktschauenden Einsichten, wohl aber immerwährend, weil sie in natürlicher Ordnung und Reihenfolge einsehen.*

An dritter Stelle wird die verstandesbestimmte Ordnung genannt, weil sie, obwohl ihre Erkenntnis gewiß ist, weniger als die andern, aber dennoch vollkommen einsehen“[191].

Abgesehen von der Zahlenspekulation – die Zehnzahl steht natürlich für Gott – erläutert die Symbolik der Zahlen die Vorstellung des NvK einer abgestuften Erkenntnis und eines stufenweisen und vor allen Dingen auch gerichteten Erkenntnisprozesses selbst in den höheren Sphären, wobei sich die Richtung des Denkprozesses immer durch Bezug, d. h. im Glauben auf die nächst höhere Stufe bestimmt – die cusanische Gottessuche. Die Symbolik verdeutlicht die Vermittlungsstufen der approximativen Gottesfindung.

Die drei unteren Erkenntnisstufen sind nicht unwichtig, bilden sie doch die Basis für jede Vermittlung zur Gotteserkenntnis. Diese Stufen sind zunächst zu erklimmen, wenn auch die Ergebnisse dieser Ebenen einerseits begrenzt andererseits jedoch auch sicher sind, z. B. weil diese auf dem Gesetz des „Tertium non datum“ oder auf eine logisch und widerspruchsfreie Konstruktionseinsicht beruhen. Dabei kann eine solche Erkenntnis genutzt werden, um eine annähernd funktionierende, aber dennoch in seiner Gänze nicht vom Menschen überschaubare Technik zu erschaffen. Das bestimmt sich aus dem approximativen, aber nie vollständig das Ziel erreichenden cusanischen Ansatz. Dabei bleibt etwas im Dunkeln, auch an den folgenden Textstellen, welche drei Ebenen der Ratio hier gemeint sind. So könnten etwa die visio sensibilis, die visio rationalis und die visio intellectualis gemeint sein, weil der Mensch in seiner Teilhabe am göttlichen Geist dennoch eben auch begrenzt in seiner Erkenntnisfähigkeit ist. Es bleiben ihm nur die epistemologischen Mittel der

191 NvK [0], Opera, De ludo globi, 77, „*Cardinalis: Angeli intelligentiae sunt. Et quia varii sunt, oportet intelligentiales eorum visiones et discretiones per ordines et gradus ab infimo usque ad supremum, qui Christus et «magni consilii angelus dicitur, intellectualiter distingui, ex qua <distinctione> tres ordines et in quolibet tres chori reperiuntur. Et terminus centrum est ut denarius terminus novem articulorum. Primus ordo est centralior et intellectibilium spirituum, qui simplici intuitu in centrum seu omnipotens exemplar omnia sine successione sive temporali sive naturali et simul omnia comprehendunt, qui divinae maiestati assistunt, a qua habent, ut sic videre omnia possint. Nam sicut deus a se habet hanc discretionem, ut in sua simplicitate omnia simul intueatur quia intelligens causa, sic dat illis assistentibus spiritibus, ut in divina simplicitate simul omnia videant. Qui etiam ideo, licet creati sint, aeterni dicuntur, quia omnia simul comprehendunt. Alius ordo est intelligentium, qui omnia simul comprehendunt, sed non sine naturali successione, scilicet ut alia ex aliis habent naturaliter provenire. Et licet sine successione temporali intelligant, quia tamen sine naturali ordine non possunt intelligere, ideo subintrat in ipsis quaedam cognitionis debilitatio. Ideo non dicuntur aeterni ut intellectibiles, sed perpetui, quia in naturali ordine et successione intelligunt. Tertius ordo rationalis dicitur, quia, licet certa sit eorum comprehensio, minus tamen perfecte intelligunt quam alii*“.

empirischen Beobachtung der Welt, des vergleichenden und logischen Berechnens und Folgerns und des vernunftgeleiteten Schließens, mithin die drei unteren Stufen.

Nun stellen wir uns diese Hierarchie einmal als Strahlenpyramide vor, bei der jeder Strahl eine Denk-/Wissenschaftsdisziplin repräsentiert wie z. B. die Mathematik, die Technik, die Musik, die Kunst, die Astronomie, usw. – wobei uns klar ist, dass diese begrifflichen Unterscheidungen aus unserer heutigen Begriffswelt in das Bild des NvK hineinprojiziert sind. Gleichgültig welche Teilwissenschaft wir betrachten: Es geht dem Cusaner immer um den Aufstieg entlang des Strahles nach oben. Wir dürfen sowohl in seinem ontologischen als auch epistemologischen Ausführungen als auch in der konkreten fachliche Durchdringung des Teilaspektes nicht die Verschränkung auf derselben Ebene suchen oder um im Bild zu bleiben, die horizontale „Vernetzung und Vereinigung“ der Strahlen hineinlesen.

Nein, es geht dem NvK um höheres, nämlich den Strahl nutzen, um tiefergehende Kenntnis zu erlangen, letztlich um Gottesschau. Selbst wenn also in seinem Denken sehr vernetzte Ansätze zu finden sind, wie z. B. bei unserem Thema die hohe Wertschätzung und ein fundiertes Verständnis eines Teilbereiches der Mathematik sowie eine Reflexion und ein tiefes Verständnis der menschlichen Konstruktionsfähigkeit, so werden diese Ansätze von NvK selbst i. d. R. nicht zu einer neuen vernetzten und verknüpften Neufundierung des Fachgebietes genutzt, also etwa zum Aufbau einer mathematisch formulierten empirischen Naturwissenschaft. Das ist einfach nicht sein Anliegen, wenn doch das Übersteigen nach dem Üben anstelle des Weiterübens so reichen Lohn verspricht.

4 Fazit

Wir fassen das Verhältnis von Mathematik und Technik im cusanischen Werk als ein mehrfaches zusammen:

a) Sowohl die Mathematik als auch die Technik, die ars mechanica, sind Beobachtungs-, Forschungs- und Beschäftigungsgegenstände, deren innerfachliche Be- und Aufarbeitung lohnt und für die Menschen Früchte der Erkenntnis bringt. Während Cusanus durchaus bemerkenswerte fachmathematische Beiträge mit seinen Quadraturschriften geliefert hat, sind entsprechende Technikbeiträge nicht belegt. Wohl aber ist bei NvK ein Interesse an technischen Instrumenten und eine gewisse Technikaffinität zu vermuten. In der Globusschrift ist diese in seiner einfallsreichen Spielerfindung[192] angedeutet.

b) Die Mathematik – und das ist neu zu seiner Zeit- ist ein Produkt des menschliche Geistes. Mathematische Konstrukte und deren Verknüpfung sind geistige Konstrukte, die in ihrer Klarheit und ohne störende Ablenkung und Verzerrung durch Realisierung in der sinnlich wahrnehmbaren Welt sich als erkenntnistheoretische Denkwerkzeuge besonders eignen. Auch wenn die reale Welt bei der Kommunikation über mathematische Konstrukte und Beschäftigung mit diesen für unsere Vorstellungswelt hilfreich ist – die Gerade oder den Kreis wird abbildend gezeichnet und darüber gesprochen – so ist die Mathematik doch nie in der Welt – und kann damit auch keinen Schaden anrichten. Die Mathematik ist jedoch auch nicht im Ideenhimmel oder in Gott angelegt – so dass es folglich keine Beschränkungen der Phantasien im mathematischen Denken geben kann. Anders die Technik: Auch diese wird geschaffen im Geiste des Künstlers, des Meisters, des Technikers, jedoch auch in der Materie manifestiert. Zum Denken im Menschen kommt

192 FESI: Dabei bin ich der Frage der Urheberschaft des NvK für dieses Globusspiel weder historisch noch inhaltlich-logisch nachgegangen, sondern ich habe mich auf Autoritäten verlassen. (K. Flasch [23], Geschichte einer Entwicklung, 577; G. v. Bredow [13], Schriften des Nikolaus von Cues, XX). An der hier formulierten Einschätzung würde sich jedoch nichts wesentlich ändern, wenn sich herausstellen sollte, dass Cusanus das Spiel nur „gefunden" hat.

das Können des Meisters. Auch wenn die technischen Artefakte vom Menschen geschöpft sind, sind diese doch Teil der Welt und können in ihrer Gänze und Tragweite nicht überblickt werden, und es braucht die Moral als Leitlinie für den freien Künstler – wogegen dies für die Mathematik nicht gilt[193]. In beiden Disziplinen gehört die Übung, das Durchdringen und Beherrschen zur Grundvoraussetzung für weitere Stufen der Erkenntnisgewinnung.

c) Sowohl die Mathematik als auch die Technik eignen sich als Symbole, als Änigmata oder als Zeichen, anhand derer NvK größere Zusammenhänge bildhaft erläutern kann und uns Anstöße für unser Denken gibt. Diesbezüglich hat die Mathematik eine besondere Wertschätzung und Sonderrolle wenn es um theologische und philosophische Fragen geht. Auch wenn wir für den Symbolcharakter in Bezug auf Technik Beispiele in der Globusschrift gefunden haben, so hat diesbezüglich die Mathematik ein stärkeres Gewicht und eine größere Wertschätzung, wenn es dem NvK um die Vermittlung von theologischen und philosophischen Fragen geht. Böhlandt z. B. arbeitet den theologischen Aspekt anhand einer Textstelle nebst Skizze aus De venatione sapientiae heraus[194] und kommt zu dem Schluss:

> *„In jedem Fall hat die Perfectio in Nikolaus Gesamtwerk eine weit wichtigere Rolle gespielt, als die endgültige Fassung der Schrift nahe legt. Neben De beryllo steht außerdem wenigstens eine weitere große philosophisch-theologische Schrift in enger Verbindung zur mathematischen Vollendung: 1463, ein Jahr vor seinem Tode, findet Nikolaus in De venatione sapientiae noch einmal zur elementaren Geometrico-Theologie der frühen Jahre zurück“*[195].

d) Sowohl die Mathematik als auch die Technik eignen sich für NvK in besonderer Weise als Ausgangspunkt des schauenden Denkens und als epistemologisches Instrument. Dabei steht für NvK der gerichtete, phi-

193 FESI: Zumindest hat der Schreibende, anders als bei der Technik keine diesbezügliche Textstelle bei Cusanus gefunden, die Gegenteiliges behauptet.

194 M. Böhlandt [12], Verborgene Zahl, 298. Ein durch 3 parallele Geraden in ersten Quadranten des Koordinatenkreuzes gegebene Dreiecksgruppe mit eingezeichneten Bögen nimmt Cusanus als Änigma zur Erläuterung des Wesens der Trinität.

195 M. Böhlandt [12], Verborgene Zahl, 298.

losophisch theologisch motivierte Erkenntnisprozess im Vordergrund. Es gilt, die Wirklichkeit zu übersteigen: Von der verstandesmäßigen Logik über die vernunftmäßige Auflösung bzw. Zusammenführung von Widersprüchen bis hin zur denkenden Annäherung an das Undenkbare. Der Erkenntnisfortschritt ist immer approximativ, nie endend und nie vollendet.

e) NvK hat eine hohe Meinung von der Mathematik einerseits und plädiert anderseits für eine empirische Naturwissenschaft, z. B. in seiner Waageschrift. Er legt gewiss einige fundamentale Beiträge in Richtung modernen wissenschaftlichen Denkens vor. Mit Ausnahme der Astronomie und der Kalenderschrift, die in dieser Arbeit nicht betrachtet wurden, wird die These, dass NvK Ansätze für eine mathematisch fundierte Naturwissenschaft lieferte, jedoch verneint.

Die in Kapitel 1 aufgeworfene Frage, ob Mathematik, Naturwissenschaft und Technik in ihrer gegenseitigen Befruchtung in einem modernen Verständnis bereits beim Cusaner angelegt ist, möchte der Schreibende – in erster Konjektur – verneinen. Im Gegenteil: Nach sorgfältiger Durchsicht der Quadraturtraktate, der Waageschrift und der Globusschrift ist der Verfasser der festen Meinung, dass es dort für das Vorhandensein eines Keimes einer „mathematisch begründeten empirische Naturwissenschaft“ kein Indiz gibt.

Dieser Meinung können sich sicher andere Autoren nicht anschließen, die der Ansicht zu neigen, dass Nikolaus in seinem Werk dem „modernen Konzept des mathematisch-physikalischen Naturgesetzes ziemlich nah“[196] kommt. Mögen diese unterschiedlichen Sichtweisen den Leser dazu anregen, sich eine eigene Annäherung zu erarbeiten.

196 A. Gierer [29], Cusanus Philosophie im Vorfeld moderner Naturwissenschaften, 63.

Literaturverzeichnis

[0]	*NvK: Nicolai de Cusae Cardinalis Opera,* Basel 1565, zitiert aus Portal Cusanus.
[1]	*Nicolai de Cusa,* Opera Omnia, Band XX, Scripta Mathematica, Menso Folkarts (Ed.), im Auftrag der Heidelberger Akademie der Wissenschaften, Meiner, Hamburg, 2010.
[2]	*Nikolaus von Kues:* Der Laie über Versuche mit der Waage; Idiota de staticis experimentis, übersetzt und mit Einführung von H. Menzel-Rogner, im Auftrag der Heidelberger Akademie der Wissenschaften in deutscher Übersetzung, hg. von E. Hoffmann, Heft 5, 1944.
[3]	*Nikolaus von Kues:* Philosophisch-Theologische Werke, 4 Bände, Felix Meiner Verlag, Hamburg, 2002. Enthält De docta ignorantia De coniecturis Idiota de sapentia Idiota de mente Trialogus de possest De beryllo Tu quis es De ludo globi De venatione sapientiae Compendium De apice theoriae.
[4]	*Nikolaus von Kues:* Die philosophisch-theologischen Schriften, übersetzt von D.u.W. Dupré, 3 Bände, Herder, Freiburg, 1964.
[5]	*Nikolaus von Kues:* Die mathematischen Schriften übersetzt von Josepha Hofmann mit einer Einführung und Anmerkungen versehen von Joseph Ehrenfried Hofmann, im Auftrag der Heidelberger Akademie der Wissenschaften in deutscher Übersetzung, hg. v. J. E. Hofmann, Heft 11, Felix Meiner, Hamburg, 1952.
[6]	*Cusanus, Nicolaus:* De mathematica perfectione, hg. von P. Wilpert, Berlin, 1967, digitalisiert: Bibliotheca Augustana, *www.th.augsburg.de,* bibliotheca Augustana gem. Edition P. Wilpert, Berlin, 1967.

[7]	*Barrow, John D.:* Ein Himmel voller Zahlen – Auf den Spuren mathematischer Wahrheit, Rowohlt, Reinbek bei Hamburg, 4. Aufl., 2005.
[8]	*Beutel, Eugen:* Die Quadratur des Kreises, 5. Aufl., Teubner, Leipzig, 1951.
[9]	*Bibel*, Einheitsübersetzung des Alten und Neuen Testaments, Herder, Freiburg, Basel, Wien, 8. Aufl., 1980.
[10]	*Böhlandt, Marco:* Vollendung und Anfang, Zur Genese der Schrift De mathematica perfectione, in MFCG, Band 29, hg. von Klaus Kremer und Klaus Reinhardt, Das Mathematikverständnis des Nikolaus von Kues, Mathematische, naturwissenschaftliche und philosophisch-theologische Dimensionen, Akten der Tagung im Schwäbischen Tagungs- und Bildungszentrum Kloster Irsee vom 8.–10. Dezember 2003. Herausgegeben von F. Pukelsheim und H. Schwaetzer, Paulinus Trier, 2005, 3–40.
[11]	*Böhlandt, Marco:* Wege ins Unendliche, Die Quadratur des Kreises bei Nikolaus von Kues, Erwin Rauner Verlag, Augsburg, 2002, Reihe Algorithmus Studien zur Geschichte der Mathematik und der Naturwissenschaften, Hrg. von Menso Folkerts, Heft 40.
[12]	*Böhlandt, Marco:* Verborgene Zahl – Verborgener Gott: Mathematik und Naturwissen im Denken des Nikolaus Cusanus (1401–1464) (Sudhoffs Archiv), Franz Steiner Verlag, Stuttgart, 2009.
[13]	*Bredow von, Gerda:* Schriften des Nikolaus von Cues, Vom Globusspiel/ De Ludo Globi, im Auftrage der Heidelberger Akademie der Wissenschaften, Heft 13; Meiner, Hamburg, 1952.
[14]	*Breidert, Wolfgang:* Mathematik und symbolische Erkenntnis bei Nikolaus von Kues; in: MFCG, Band 12, R. Haubst (Hg.), Matthias Grünewald-Verlag, Mainz, 1977, 116–126.
[15]	*Breidert, Wolfgang:* Rhythmomachie und Gebet bei Cusanus – Bemerkungen zu zwei mittelalterlichen Lehrspielen im MFCG, Band 10, Matthias-Grünewald-Verlag, 1973, 155–171.
[16]	*Cantor, Moritz:* Vorlesungen über Geschichte der Mathematik, 2. Band, 2. Auflage, Leipzig, 1899.
[17]	*Cantor, Moritz:* Cardinal Nicolaus von Cusa; Ein Geistesbild aus dem fünfzehnten Jahrhundert, Heidelberg, in Nord und Süd, Band 68, 1894, 188–202.
[18]	*Courant, Richard/Robbins, Herbert:* Was ist Mathematik?, 5. Auflage, Springer, Berlin Heidelberg, 2010.

[19]	*Curtze, Maximilian:* Urkunden zur Geschichte der Mathematik im Mittelalter und der Renaissance; 1. Int 2. Band, Reproduk. der Ausgabe von 1902; Teubner, Stuttgart, 1968.
[20]	*D'Amico, Claudio:* Die Rolle der geometrischen Figur in der Zusammensetzung der Scientia aenigmatica, in MFCG, Band 29, hg. von Klaus Kremer und Klaus Reinhardt, Das Mathematikverständnis des Nikolaus von Kues, Mathematische, naturwissenschaftliche und philosophisch-theologische Dimensionen, Akten der Tagung im Schwäbischen Tagungs- und Bildungszentrum Kloster Irsee vom 8. –10. Dezember 2003. Herausgegeben von F. Pukelsheim und H. Schwaetzer, Paulinus Trier, 2005, 265–278.
[21]	*Eisenkopf, Anke:* Zahl und Erkenntnis bei Nikolaus von Kues, Rodener, Regensburg, 2007.
[22]	*Euklid:* Elemente in fünfzehn Büchern; aus dem Griechischen übersetzt von J. F. Lorenz; neu hrsg. von K. Mollweide, 3. Aufl. Waisenhaus-Buchhandlung, Halle, 1809.
[23]	*Flasch, Kurt:* Geschichte einer Entwicklung, Klostermann, 2001.
[24]	*Franz, Jürgen:* Der Technikbegriff des Nikolaus von Kues und seine Bedeutung für die Gegenwart. In: Schwaetzer, Harald; Vannier, Marie-Anne (Hrsg.): Zum Intellektverständnis bei Meister Eckhart und Nikolaus von Kues. Texte und Studien zur europäischen Geistesgeschichte, Reihe B, Band 4, Aschendorff, Münster, 2012, 123–156.
[25]	*Gericke, Helmuth:* Mathematik in Antike, Orient und Abendland, Sonderausgabe in einem Band, 8. Aufl., Fourier-Verlag, Wiesbaden, 2004 (Band 1: Mathematik in Antike und Orient; Band 2: Mathematik im Abendland).
[26]	*Gestrich, Helmut* (Hg.): Zugänge zu Nikolaus von Kues, Festschrift zum 25-jährigen Bestehen der Cusanus Gesellschaft Bernkastel-Kues, 1986.
[27]	*Gestrich, Helmut:* Leben und Werk im Bild, Nikolaus von Kues 1401–1464; Schmidt, Mainz, 1990.
[28]	*Gierer, Alfred:* Eriugena, Al-Kindi – Nikolaus von Kues – Protagonisten einer wissenschaftliche Wende im philosophischen und theologischen Denken, Deutsche Akademie der Naturforscher Leopoldina e. V., Halle (Saale), 1999.
[29]	*Gierer, Alfred:* Cusanus Philosophie im Vorfeld moderner Naturwissenschaften, Königshausen & Neumann, Würzburg, 2002.

[30]	*Hirschberger, Johannes:* Das Prinzip der Inkommensurabilität bei Nikolaus von Kues, in MFCG, Band 11, hg. v. R. Haubst, Matthias Grünewald-Verlag, Mainz, 1975, 39–61.
[31]	*Hoffmann, Fritz:* Nominalistische Vorläufer für die Erkenntnisproblematik bei Nikolaus von Kues, in: MFCG, Band 11, Nikolaus von Kues in der Geschichte des Erkenntnisproblems. R. Haubst (Hg.), Matthias Grünewald-Verlag, Mainz, 1975, 125–168.
[32]	*Hofmann, Joseph Ehrenfried und Haubst, Rudolf:* Über eine bisher unbekannte Vorform der Schrift De mathematica perfectione des Nikolaus von Kues, in: MFCG, 9 und 10, R. Haubst (Hg.), Matthias Grünewald-Verlag, Mainz, 1973.
[33]	*Hofmann, Joseph Ehrenfried:* Mutmaßungen über das früheste mathematische Wissen des Nikolaus von Kues, in MFCG, Band 5, R. Haubst (Hg.), Matthias Grünewald-Verlag, Mainz, 1965, 98–133.
[34]	*Hofmann, Joseph Ehrenfried:* Über Regiomontanus und Buetons Stellungnahme zur Kreisquadratur des Nikolaus von Kues, in: MFCG, Band 6, Matthias Grünewald-Verlag, Mainz, 1967, 124–154.
[35]	*Hoyer, Ulrich:* Die Stellung des Nikolaus von Kues in der Geschichte der neueren Naturwissenschaft in: Reinhardt, Klaus, Schwaetzer, Harald (Hg.): Nikolaus von Kues – Vordenker moderner Naturwissenschaft? Regensburg, 2003, 25–43.
[36]	*Humboldt von, Alexander:* Kosmos. Entwurf einer physischen Weltbeschreibung, Eichborn Verlag, Frankfurt am Main, 2004, Nachdruck, Vervollständigung und Neuedition der Ausgabe 1845 und späterer Ausgaben.
[37]	*Inthorn, Julia/Reder, Michael:* Philosophie und Mathematik bei Cusanus, Eine Verhältnisbestimmung von dialektischem und binärem Denken, Kleine Schriften der Cusanus-Gesellschaft, Hg. im Institut für Cusanus-Forschung zu Trier, Paulinus, Trier, 2005.
[38]	*Jaspers, Karl:* Nikolaus Cusanus, Piper, München, 1964.
[39]	*Kästner, Abraham Gotthelf:* Geschichte der Mathematik seit der Wiederherstellung der Wissenschaften bis an das Ende des achtzehnten Jahrhunderts, Olms Verlag, Hildesheim/New York, 1970, mit einem Vorwort von J. E. Hofmann, Nachdruck der Ausgabe Göttingen, 1796, 4 Bände.
[40]	*Krchňák, Alois:* Die Herkunft der astronomischen Handschriften und Instrumente des Nikolaus von Kues, in MFCG, Band 3, Grünwaldverlag, Mainz, 1963, 109–180.

[41]	*Leibniz, Gottfried Wilhelm:* De vera Proportione Circuli, Ad quadratum in Numeris rationdibus, Auszug Acta Eraditorum, 1682; S. 11ff; erste Veröffentlichung der später nach ihm genannten Leibniz-Reihe $\frac{\pi}{4} = 1 - \frac{1}{3} + \frac{1}{5} - \frac{1}{7} + \cdots - \cdots$
[42]	*Livio, Mario:* Ist Gott ein Mathematiker?, Beck, München, 2010.
[43]	*Menzel-Rogner, Hildegund* (Hg.): Nikolaus von Kues, Der Laie über Experimente mit der Waage, Hamburg, 1944.
[44]	*Meuthen, Erich:* Nikolaus von Kues, 1401–1464, Skizze einer Biographie; 2. Aufl. Buchreihe der Cusanus Gesellschaft, Hg. von J. Koch u. R. Haubst, Sonderbeitrag zum Cusanus Jubiläum 1964, Aschendorff, Münster, 1964.
[45]	*Müller, Tom:* Der junge Cusanus, Aschendorff, Münster, 2013.
[46]	*Müller, Tom:* Möndchenquadratur und duale Mathematik bei Leon Alberti und Nikolaus von Kues, in MFCG, Band 29, hg. von Klaus Kremer und Klaus Reinhardt, Das Mathematikverständnis des Nikolaus von Kues, Mathematische, naturwissenschaftliche und philosophisch-theologische Dimensionen, Akten der Tagung im Schwäbischen Tagungs- und Bildungszentrum Kloster Irsee vom 8. –10. Dezember 2003. Herausgegeben von F. Pukelsheim und H. Schwaetzer, Paulinus Trier, 2005, 41–64.
[47]	*Müller, Tom:* Perspektivität und Unendlichkeit, Mathematik und ihre Anwendung in der Frührenaissance am Beispiel von Alberti und Cusanus, Roderer, Regensburg, 2010.
[48]	*Müller, Tom:* „ut reiecto paschali errore veritati insistamus“; Nikolaus von Kues und seine Konzilsschrift De reparatione kalendarii, Aschendorff, Münster, 2010.
[49]	*Müller, Tom:* Der „Florentiner Stammtisch“, eine frühe „Akademie“ der Wissenschaften und der Künste in : Schwaetzer, Harald, Zeyer, Kirstin (Hg.): Das europäische Erbe im Denken des Nikolaus von Kues, Geistesgeschichte als Geistesgegenwart, Aschendorff, Münster, 2008.
[50]	*Müller, Tom/Nickel, Gregor:* Reader zum Workshop: Mathematik bei Nikolaus von Kues vom 24. bis 26. März 2006, Institut für Cusanus-Forschung, Trier, 2006, unveröffentlicht.
[51]	*Nagel, Fritz:* Nicolaus Cusanus und die Entstehung der exakten Wissenschaften, Buchreihe der Cusanus-Gesellschaft, Band 9, Aschendorff, Münster, 1984.

[52]	*Nagel, Fritz:* Nicolaus Cusanus in der Sicht Alexander von Humboldts, in: MFCG, Band 17, R. Haubst (Hg.), Matthias Grünewald-Verlag, Mainz, 1986, 251–256.
[53]	*Nagel, Fritz:* Scientia experimentalis. Zur Cusanus-Rezeption in England, in MFCG, Band 29, hg. von Klaus Kremer und Klaus Reinhardt, Das Mathematikverständnis des Nikolaus von Kues, Mathematische, naturwissenschaftliche und philosophisch-theologische Dimensionen, Akten der Tagung im Schwäbischen Tagungs- und Bildungszentrum Kloster Irsee vom 8.–10. Dezember 2003. Herausgegeben von F. Pukelsheim und H. Schwaetzer, Paulinus Trier, 2005.
[54]	*Nickel, Gregor:* Nikolaus von Kues: Zur Möglichkeit mathematischer Theologie und theologischer Mathematik, in: 2. Internationale Tagung junger Cusanusforscherinnen, Hg. v. I. Bocken und H. Schwaetzer, Maastricht, 2005.
[55]	*Polkinghorne, John:* Meaning in Mathematics, Oxford University Press, Oxford, 2011.
[56]	*Pukelsheim, Friedrich und Schwaetzer, Harald* (Hg.): Das Mathematikverständnis des Nikolaus von Kues, Mathematische, naturwissenschaftliche und philosophisch-theologische Dimensionen, Sammelband MFCG, Band 29, Paulinus Trier, 2005.
[57]	*Reinhardt, Klaus/Schwaetzer, Harald* (Hg.): Nicolaus Cusanus – Vordenker moderner Naturwissenschaft, Regensburg, 2003.
[58]	*Reinhardt, Klaus/Schwaetzer, Harald:* Nikolaus von Kues in der Geschichte des Platonismus, Regensburg, 2007.
[59]	*Reinhardt, Klaus:* Eine bisher unbekannte Handschrift mit Werken des Nikolaus von Kues in der Kapitelsbibliothek von Toledo (mit Transkriptionen der Vorform von De mathematica perfectione), in: MFCG, Band 17, R. Haubst (Hg.), Matthias Grünewald-Verlag, Mainz, 1986, 96–141.
[60]	*Reiss, Ingo:* Nikolaus von Kues als Vorgänger Leibniz auch auf dem Gebiet der Mathematik? Unveröffentlichter Reader, Workshop, Bernkastel-Kues, 2006.
[61]	*Roth, Ulli:* Die Bestimmung der Mathematik bei Cusanus und Leibniz, in: Studia Leibnitiana, Band 29, Verlag Franz Steiner, 1997, 63–80.
[62]	*Schanz, Paul:* Der Cardinal Nicolaus von Cusa als Mathematiker, Rottweil, 1872 (es existiert wohl auch ein Nachdruck, Wiesbaden, 1976, der mir jedoch nicht vorlag).

[63]	*Schanz, Paul:* Die astronomischen Anschauungen des Nicolaus von Cusa und seiner Zeit, Rottweil, 1873.
[64]	*Schneider, Stefan:* Cusanus als Wegbereiter der neuzeitlichen Naturwissenschaft? In: MFCG, Band 20, Cusanus im Blick auf die Gegenwart; Paulinus, Trier, 1992, 182–220.
[65]	*Schwaetzer, Harald:* Änigmatische Naturwissenschaft in: Reinhardt, Klaus, Schwaetzer, Harald (Hg.), Nikolaus von Kues – Vordenker moderner Naturwissenschaft? Regensburg, 2003.
[66]	*Schwaetzer, Harald:* Die intellektuelle Anschauung als methodisches Prinzip einer naturwissenschaftlichen „scientia aenigmatica", Anmerkungen zur Konzeption von Wissenschaft bei Cusanus und Prolegomena eines systematischen Bezuges zum Deutschen Idealismus, in MFCG, Band 29, hg. von Klaus Kremer und Klaus Reinhardt, Das Mathematikverständnis des Nikolaus von Kues, Mathematische, naturwissenschaftliche und philosophisch-theologische Dimensionen, Akten der Tagung im Schwäbischen Tagungs- und Bildungszentrum Kloster Irsee vom 8.–10. Dezember 2003. Herausgegeben von F. Pukelsheim und H. Schwaetzer, Paulinus Trier, 2005, 247–261.
[67]	*Schwaetzer, Harald/Zeyer, Kristin* (Hg.): Das europäische Erbe im Denken des Nikolaus von Kues. Geistesgeschichte als Geistesgegenwart, Aschendorff, Münster, 2008.
[68]	*Singh, Simon:* Fermats letzter Satz, 12. Auflage, dtv, München, 2007
[69]	*Sonar,Thomas:* 3000 Jahre Analysis, Springer, Berlin, Heidelberg, 2011
[70]	*Stuloff, Nikolaus:* Die Herkunft der Elemente der Mathematik bei Nikolaus von Kues im Lichte der neuzeitlichen Wissenschaft, in: MFCG, Band 6, R. Haubst (Hg.), Matthias Grünwald-Verlag, Mainz, 1967, 55–64.
[71]	*Stuloff, Nikolaus:* Mathematische Tradition in Byzanz und ihr Fortleben bei Nikolaus von Kues, in: MFCG: Band 4, Die wissenschaftlichen Referate zum Cusanus Jubiläum in Bernkastel-Kues vom 8. bis 12. August 1964; R. Haubst (Hg.), Matthias Grünewald-Verlag, Mainz, 1964, 420–436.
[72]	*Wußing, Hans:* 6000 Jahre Mathematik, Vom Zählstein zum Computer, Springer, Berlin, Heidelberg, 2008.

[73]	*Yamuki, Kazuhiko:* Die Bedeutung geometrischer Symbole für das Denken des Nicolaus Cusanus, Eine Untersuchung am Beispiel der Metamorphose seiner Auffassung vom Kreis, in MFCG, Band 29, hg. von Klaus Kremer und Klaus Reinhardt, Das Mathematikverständnis des Nikolaus von Kues, Mathematische, naturwissenschaftliche und philosophisch-theologische Dimensionen, Akten der Tagung im Schwäbischen Tagungs- und Bildungszentrum Kloster Irsee vom 8.–10. Dezember 2003. Herausgegeben von F. Puchelsheim und H. Schwaetzer, Paulinus Trier, 2005, 295–312.

Abkürzungsverzeichnis

Anm. d. V.	Anmerkung des Verfassers
i. d. R	in der Regel
MFCG	Mitteilungen und Forschungsbeiträge der Cusanusgesellschaft
M. a. W	Mit anderen Worten
m. E	meines Erachtens
NvK	Nikolaus von Kues
o. B. d. A.	ohne Beschränkung der Allgemeinheit

PHILOSOPHIE, NATURWISSENSCHAFT UND TECHNIK

Bd. 1 Karsten Berr/Jürgen H. Franz (Hg.): Prolegomena – Philosophie, Natur und Technik. 234 Seiten. ISBN 978-3-7329-0160-9

Bd. 2 Helga Spriestersbach: Die Substanz bei Spinoza und Leibniz. 126 Seiten. ISBN 978-3-7329-0200-2

Bd. 3 Ingo Reiss: Das Verhältnis von Mathematik und Technik bei Nikolaus von Kues. 102 Seiten. ISBN 978-3-7329-0264-4

Bd. 4 Jürgen H. Franz/Karsten Berr (Hg.): Welt der Artefakte. 238 Seiten. ISBN 978-3-7329-0291-0

Bd. 5 Jürgen H. Franz: Nikolaus von Kues – Philosophie der Technik und Nachhaltigkeit. 150 Seiten. ISBN 978-3-7329-0369-6

Bd. 6 Markus Dangl: Naturalistische und eliminative Erkenntnistheorien. Eine Kritik. 106 Seiten. ISBN 978-3-7329-0423-5

Bd. 7 Torsten Nieland (Hg.): Erscheinung und Vernunft – Wirklichkeitszugänge der Aufklärung. 292 Seiten. ISBN 978-3-7329-0520-1

Bd. 8 Friedrich Reinhard Schmidt: Das ist der Mensch. 142 Seiten. ISBN 978-3-7329-0556-0

Bd. 9 Karsten Berr/Jürgen H. Franz (Hg.): Zukunft gestalten – Digitalisierung, Künstliche Intelligenz (KI) und Philosophie. 248 Seiten. ISBN 978-3-7329-0547-8

Bd. 10 Gordon Seitz: Metaphysik und Naturwissenschaft bei Kant und Whitehead. Eine Verhältnisbestimmung. 128 Seiten. ISBN 978-3-7329-0521-8

Bd. 11 Norbert Klöcker: Künstliche Intelligenz und lernende Systeme. Kann ein Computer intelligent handeln? 186 Seiten. ISBN 978-3-7329-0648-2

Frank & Timme

PHILOSOPHIE, NATURWISSENSCHAFT UND TECHNIK

Bd. 12 Henning Stahlschmidt: Zwischen Freiheit und Vernunft – Die Möglichkeit in der Phänomenologie Husserls.
112 Seiten. ISBN 978-3-7329-0792-2

Bd. 13 Jürgen H. Franz/Karsten Berr (Hg.): Menschenrechte und Menschenwürde. Philosophische Zugänge und alltägliche Praxis.
286 Seiten. ISBN 978-3-7329-0815-8

Frank & Timme